Generis
PUBLISHING

I0068017

Méthode FDTD en électromagnétisme pour les milieux non dispersifs

Rivo Mahandrisoa RANDRIAMAROSON

Title: Méthode FDTD en électromagnétisme pour les milieux non dispersifs

Author: Rivo Mahandrisoa RANDRIAMAROSON

ISBN: 978-1-63902-095-9

Cover image: cdn.pixabay.com/photo/2014/12/14/10/26/light-567757_960_720.jpg

Generis Publishing
Online orders: www.generis-publishing.com
Orders by email: info@generis-publishing.com

Sommaire

5

A Saholy, Anjara et Ilo, Merci pour votre patience.

Merci à tous ceux qui m'ont encouragé pour la réalisation de ces travaux.

R.R.M.

PREFACE

Il existe plusieurs livres sur la méthode FDTD et les techniques de développement de code. Cependant, aucune littérature ne s'intéresse spécifiquement à la technique d'implémentation numérique, qui fait la différence entre des lignes de code correctes ou non. Ce livre aidera les lecteurs à comprendre la méthode FDTD et à développer leur propre code FDTD pour résoudre des problèmes de propagations d'ondes EM au sein de milieux non dispersifs.

En raison d'un certain nombre de développements à la fin des années 1980 et dans les années 1990, les méthodes basées sur l'équation aux dérivées partielles (PDE), et en particulier la méthode FDTD, sont apparues comme les méthodes avec sans doute le la plus large gamme d'applicabilité. Cela est particulièrement vrai pour les problèmes électromagnétiques impliquant des milieux complexes et dispersifs, des applications photoniques et la modélisation de circuits et de dispositifs à grande vitesse. En outre, la modélisation FDTD des problèmes pratiques peut maintenant être entreprise avec des ressources informatiques facilement accessibles aux utilisateurs individuels.

La méthode FDTD est une technique numérique pour la résolution des équations de Maxwell, elle s'inscrit donc dans le domaine des techniques de modélisation. La modélisation étant un domaine phare au sein de l'enseignement supérieure ainsi que dans la recherche vue qu'elle permet de visualiser de prime à bord le comportement d'un système physique avant de passer à sa réalisation. Le livre permettra au lecteur d'être initier au domaine de la modélisation, avec comme application la modélisation de la propagation d'one EM.

9

Un certain nombre de progiciels existent pour la modélisation dans la méthode FDTD, à la fois des progiciels libres et open-source et des suites logicielles industrielles très coûteuses. Beaucoup de ces packages sont très puissants. Cependant les apprenants devraient tirer beaucoup plus de profits en développant leurs propres codes FDTD qu'en utilisant un solveur tout prêt où ils n'auront qu'à décrire le problème à résoudre. Le but de ce livre est donc de fournir une compréhension sur les fondements et la mise en œuvre de la méthode FDTD pour des problèmes EM.

LISTE DES ABREVIATIONS

1D   Une dimension

2D   Deux dimensions

ABC   Absorbing Boundary Conditions (Conditions d'absorption aux limites)

CFL   Courant, Friedrichs et Lewy

EM   Electromagnétique

FDTD   Finite Diference Time Domain (Différence Finie dans le Domaine Temporel)

PEC   Perfect Electric Conductor (Conducteur Electrique Parfait)

PML   Perfectly Matched Layer (Couches parfaitement appariées)

PMC   Perfect Magnetic Conductor (Conducteur Magnétique Parfait)

TE   Transverse Electric (Transverse électrique)

TFSF   Total-Field / Scattered-Field (Champ Total / Champ Dispersé)

TM   Transverse Magnetic (Transverse magnétique)

INTRODUCTION

Avec la croissance continue de la puissance de calcul, la modélisation et la simulation numérique se sont énormément développées en tant qu'outil pour comprendre et analyser à peu près n'importe quel problème scientifique. Aujourd'hui l'implémentation d'équations différentielles gouvernantes dans un programme informatique, peut fournir une immense quantité d'informations, qui sont complémentaire aux analyses théoriques. La croissance de la puissance de calcul a apporté avec elle un assortiment de méthodes de modélisation, applicables dans de nombreux domaines. Le problème, alors, est de savoir quand utiliser quelle méthode.

La FDTD est une solution directe de la forme différentielle dépendant du temps des équations de Maxwell. La FDTD est principalement une discrétisation des équations de dans le domaine temporel en utilisant la technique des différences centrales. Cette méthode a été introduite par Yee en 1966 pour les applications à micro-ondes. Elle a ensuite été utilisée pour la modélisation de structures optiques. Ceci indique à quel point la méthode FDTD est une solution des plus utilisée pour la résolution numérique de problèmes électromagnétiques.

Dans ce livre, les prémisses de l'implémentation de la méthode FDTD pour la résolution de la propagation d'ondes électromagnétiques seront détaillées pour des milieux non dispersifs. L'objectif étant d'initier le lecteur à la mise en œuvre de son propre programme FDTD. Les présentations sont faites pour les domaines 1D et 2D, du fait que la mise en œuvre dans le domaine 3D nécessite beaucoup de ressource informatique. Au vu de sa puissance de rendu graphique, le logiciel Matlab est utilisé pour l'implémentation des codes.

Le manuscrit présentera cinq chapitres. La définition de la méthode FDTD sera vue en premier avec une mise en œuvre dans un espace 1D. Ce chapitre sera suivi par la mise en œuvre dans un espace 2D. Afin de faire en sorte que l'espace de simulation puisse être considéré comme un milieu infini, la terminaison de grilles par couches absorbantes sera présentée en troisième lieu. Le chapitre qui s'en suit présentera la mise en œuvre de sources se propageant dans une direction de la grille en utilisant la formulation TFSF. Le livre sera terminé par la présentation de la formulation DB-FDTD, qui est une formulation requise pour les simulations de milieux dispersifs avec la méthode FDTD.

Chapitre 1 :

PRINCIPES DE LA METHODE FDTD

La méthode des Différences Finies dans le Domaine Temporel (FDTD : Finite Difference Time Domain) est une technique numérique basée sur le concept des différences finies utilisé pour résoudre les équations de Maxwell pour la distribution des champs électriques et magnétiques dans le domaine temporel et spatial. La méthode FDTD utilise l'approximation de différence centrale pour discrétiser les deux équations différentielle de Maxwell, loi de Faraday et d'Ampère, dans le domaine temporel et spatial. Puis la méthode permet de résoudre les équations résultantes numériquement pour dériver les distributions des champs électrique et magnétique à chaque pas de temps en utilisant la méthode de saut de la grenouille. La solution FDTD ainsi dérivée est précise au second ordre et est stable si le pas de temps satisfait à la condition de Courant [1] [2].

1.1. Différence Centrale

La méthode FDTD utilise des différences finies comme approximations des dérivées spatiales et temporelles qui apparaissent dans les équations de Maxwell (en particulier les lois d'Ampère et de Faraday). Les développements en série de Taylor de la fonction $f(x)$ développée autour du point x_0 avec un décalage de $\pm\delta/2$ sont donnés aux Eq.1.1 et Eq.1.2, où les 'primes' indiquent la différenciation. En soustrayant l'Eq.1.2 à l'Eq.1.1, l'Eq.1.3 est obtenue. La division de l'Eq.1.3 par δ donne l'Eq.1.4 [1] [3].

$$f\left(x_0 + \frac{\delta}{2}\right) = f(x_0) + \frac{\delta}{2}f'(x_0) + \frac{1}{2!}\left(\frac{\delta}{2}\right)^2 f''(x_0) + \frac{1}{3!}\left(\frac{\delta}{2}\right)^3 f'''(x_0) + \cdots$$

(1.1)

$$f\left(x_0 - \frac{\delta}{2}\right) = f(x_0) - \frac{\delta}{2}f'(x_0) + \frac{1}{2!}\left(\frac{\delta}{2}\right)^2 f''(x_0) - \frac{1}{3!}\left(\frac{\delta}{2}\right)^3 f'''(x_0) + \cdots$$

(1.2)

$$f\left(x_0 + \frac{\delta}{2}\right) - f\left(x_0 - \frac{\delta}{2}\right) = \delta f'(x_0) + \frac{2}{3!}\left(\frac{\delta}{2}\right)^3 f'''(x_0) + \cdots \qquad (1.3)$$

$$\frac{f\left(x_0 + \frac{\delta}{2}\right) - f\left(x_0 - \frac{\delta}{2}\right)}{\delta} = f'(x_0) + \frac{1}{3!}\frac{\delta^2}{2^2}f'''(x_0) + \cdots \qquad (1.4)$$

Le terme à gauche de l'Eq.1.4 est la dérivée de la fonction au point x_0 plus un terme qui dépend de δ^2 plus un nombre infini d'autres termes non représentés. Pour les termes qui ne sont pas montrés, le prochain dépend de δ^4 et tous les termes suivants dépendent de puissances encore plus élevées de δ. La réorganisation de cette équation, est souvent énoncée comme à l'Eq.1.5 [4].

$$\left.\frac{df(x)}{dx}\right|_{x=x_0} = \frac{f\left(x_0 + \frac{\delta}{2}\right) - f\left(x_0 - \frac{\delta}{2}\right)}{\delta} + O(\delta^2) \qquad (1.5)$$

Le terme «Grand-O» représente tous les termes qui ne sont pas explicitement indiqués et la valeur entre parenthèses, c'est-à-dire δ^2, indique l'ordre le plus bas de ces termes non indiqués. Si elle est suffisamment petite, une approximation raisonnable de la dérivée peut être obtenue en négligeant simplement tous les termes représentés par le terme «Grand-O». Ainsi, l'approximation de différence centrale est donnée par l'Eq.1.6 [4].

$$\left.\frac{df(x)}{dx}\right|_{x=x_0} = \frac{f\left(x_0 + \frac{\delta}{2}\right) - f\left(x_0 - \frac{\delta}{2}\right)}{\delta} \qquad (1.6)$$

La différence centrale fournit une approximation de la dérivée de la fonction à x_0, mais la fonction n'est pas réellement échantillonnée à x_0, elle est échantillonnée aux points voisins $x_0 + \delta/2$ et $x_0 - \delta/2$. Puisque la puissance la plus faible à ignorer est le second ordre, la différence centrale a une *précision du second ordre* ou un *comportement du second ordre*. Cela implique que si δ est réduit d'un facteur de 10, l'erreur dans l'approximation devrait être réduite d'un facteur de 100 (approximativement). Dans la limite où δ tends vers zéro, l'approximation devient exacte [4].

1.2. Formulation FDTD

1.2.1. Equations de mis à jour

Dans le schéma de Yee, le domaine de calcul est discrétisé en utilisant une grille rectangulaire. Les champs électriques sont situés le long des bords des éléments électriques, tandis que les champs magnétiques sont échantillonnés au centre des surfaces des éléments électriques et sont orientés perpendiculairement à ces surfaces. Ceci est cohérent avec la propriété de dualité des champs électriques et magnétiques dans les équations de Maxwell. Une unité électrique typique, d'une grille de Yee, est illustrée à la Fig.1.1 [2].

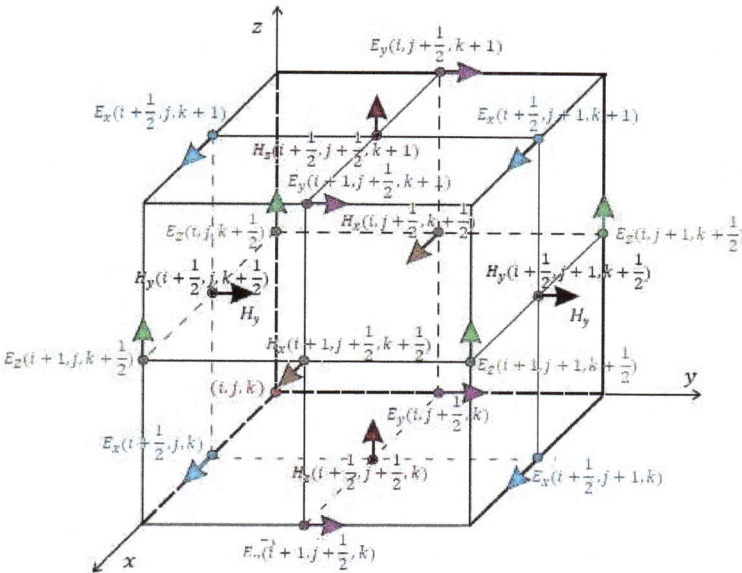

Figure 1.1 : Positions des champs électriques et magnétiques définis dans une grille FDTD de Yee [2].

Le champ électrique est uniformément distribué le long du bord de l'élément électrique, tandis que la distribution des champs magnétiques est uniforme sur la surface de l'unité électrique. Dans le domaine temporel, les champs électriques sont échantillonnés aux instants $n.\Delta t$, et sont supposés uniformes dans la période de temps de $(n-1/2).\Delta t$ à $(n+1/2).\Delta t$. De même, les champs magnétiques sont échantillonnés à $(n+1/2).\Delta t$, et sont supposés uniformes dans la période de $n.\Delta t$ à $(n+1).\Delta t$. L'algorithme FDTD construit une solution aux deux équations différentielles de Maxwell Eq.1.7 [3]. Avec E, H qui sont respectivement le champ électrique et le champ magnétique. ε et μ sont la permittivité et la perméabilité. σ_e et σ_m sont les conductivités électrique et magnétique (virtuelle). L'opérateur $nabla$ $\nabla \equiv \hat{a}_x \frac{\partial}{\partial x} + \hat{a}_y \frac{\partial}{\partial y} + \hat{a}_z \frac{\partial}{\partial z}$ est l'opérateur différentiel vectoriel, et $\hat{a}_x, \hat{a}_y, \hat{a}_z$ est une triade de vecteurs unitaires orthogonaux cartésiens [5].

$$\nabla \times \vec{E} = -\mu \frac{\partial \vec{H}}{\partial t} - \sigma_m \vec{H} \qquad (Loi\ de\ Faraday) \qquad (1.7.a)$$

$$\nabla \times \vec{H} = \varepsilon \frac{\partial \vec{E}}{\partial t} + \sigma_e \vec{E} \qquad (Loi\ d'ampère) \qquad (1.7.b)$$

Le rotationnel du champ H (Eq.1.8) permet de réécrire les Eq.1.7 dans un système de coordonnés cartésien donnant lieu à six équations différentielles partielles (Eq.1.9) [5].

$$\nabla \times H = \begin{vmatrix} \hat{a}_x & \hat{a}_y & \hat{a}_z \\ \frac{\partial}{\partial x} & \frac{\partial}{\partial y} & \frac{\partial}{\partial z} \\ H_x & H_y & H_z \end{vmatrix}$$

$$= \hat{a}_x \left(\frac{\partial H_z}{\partial y} - \frac{\partial H_y}{\partial z} \right) - \hat{a}_y \left(\frac{\partial H_z}{\partial x} - \frac{\partial H_x}{\partial z} \right) + \hat{a}_z \left(\frac{\partial H_y}{\partial x} - \frac{\partial H_x}{\partial y} \right) \quad (1.8)$$

$$\frac{\partial H_x}{\partial t} = \frac{1}{\mu_x} \left(\frac{\partial E_y}{\partial z} - \frac{\partial E_z}{\partial y} \right) - \frac{\sigma_{mx}}{\mu_x} H_x \qquad (1.9.a)$$

$$\frac{\partial H_y}{\partial t} = \frac{1}{\mu_y} \left(\frac{\partial E_z}{\partial x} - \frac{\partial E_x}{\partial z} \right) - \frac{\sigma_{my}}{\mu_y} H_y \qquad (1.9.b)$$

$$\frac{\partial H_z}{\partial t} = \frac{1}{\mu_y} \left(\frac{\partial E_x}{\partial y} - \frac{\partial E_y}{\partial x} \right) - \frac{\sigma_{mz}}{\mu_z} H_z \qquad (1.9.c)$$

$$\frac{\partial E_x}{\partial t} = \frac{1}{\varepsilon_x}\left(\frac{\partial H_z}{\partial y} - \frac{\partial H_y}{\partial z}\right) - \frac{\sigma_{ex}}{\varepsilon_x}E_x \qquad (1.9.d)$$

$$\frac{\partial E_y}{\partial t} = \frac{1}{\varepsilon_y}\left(\frac{\partial H_x}{\partial z} - \frac{\partial H_z}{\partial x}\right) - \frac{\sigma_{ey}}{\varepsilon_y}E_y \qquad (1.9.e)$$

$$\frac{\partial E_z}{\partial t} = \frac{1}{\varepsilon_z}\left(\frac{\partial H_y}{\partial x} - \frac{\partial H_x}{\partial y}\right) - \frac{\sigma_{ez}}{\varepsilon_z}E_z \qquad (1.9.d)$$

Un matériau anisotrope peut être décrit en utilisant différentes valeurs de paramètres diélectriques le long des différentes directions. Les équations 1.9 forment la base de l'algorithme FDTD pour modéliser l'interaction des ondes électromagnétiques (EM). Les notations des champs discrétisés dans les domaines temporel et spatial sont décrites aux Eq.1.10 [4]. Où $\Delta x, \Delta y, \Delta z$ sont les décalages spatiaux entre les points d'échantillonnage et Δ_t le décalage temporel. Les indices i, j, k correspondent aux pas spatiaux, tandis que l'indice n correspond au pas temporel.

$$E_x^n\left(i + \frac{1}{2}, j, k\right) = E_x\left(\left(i + \frac{1}{2}\right)\Delta x, j\Delta y, k\Delta z, n\Delta t\right) \qquad (1.10.a)$$

$$E_y^n\left(i, j + \frac{1}{2}, k\right) = E_y\left(i\Delta x, \left(j + \frac{1}{2}\right)\Delta y, k\Delta z, n\Delta t\right) \qquad (1.10.b)$$

$$E_z^n\left(i, j, k + \frac{1}{2}\right) = E_z\left(i\Delta x, j\Delta y, \left(k + \frac{1}{2}\right)\Delta z, n\Delta t\right) \qquad (1.10.c)$$

$$H_x^{n+\frac{1}{2}}\left(i, j + \frac{1}{2}, k + \frac{1}{2}\right) = H_x\left(i\Delta x, \left(j + \frac{1}{2}\right)\Delta y, \left(k + \frac{1}{2}\right)\Delta z, \left(n + \frac{1}{2}\right)\Delta t\right) \quad (1.10.d)$$

$$H_y^{n+\frac{1}{2}}\left(i + \frac{1}{2}, j, k + \frac{1}{2}\right) = H_y\left(\left(i + \frac{1}{2}\right)\Delta x, j\Delta y, \left(k + \frac{1}{2}\right)\Delta z, \left(n + \frac{1}{2}\right)\Delta t\right) \quad (1.10.e)$$

$$H_z^{n+\frac{1}{2}}\left(i + \frac{1}{2}, j + \frac{1}{2}, k\right) = H_z\left(\left(i + \frac{1}{2}\right)\Delta x, \left(j + \frac{1}{2}\right)\Delta y, k\Delta z, \left(n + \frac{1}{2}\right)\Delta t\right) \quad (1.10.f)$$

Les champs électriques et magnétiques dans la version discrétisée sont décalés à la fois dans le temps et dans l'espace. Par exemple, les champs électrique et magnétique sont échantillonnés aux pas de temps $n\Delta t$ et $(n + 1/2)\,\Delta t$, respectivement, et sont également déplacés l'un de l'autre dans l'espace, comme le montre la Fig.1.1. Par conséquent, afin de mesurer les champs électriques et magnétiques dans les domaines spatiaux et temporels continus, les champs électriques et magnétiques échantillonnés sont interpolés. En appliquant la différence centrale pour le calcul des dérivées au point $\left(i\Delta x, j\Delta y, k\Delta z, \left(n+\frac{1}{2}\right)\Delta t\right)$ à l'Eq.1.9.d, l'Eq.1.11 est obtenue [2] [6].

$$\varepsilon_x \frac{E_x^{n+1}\left(i+\frac{1}{2},j,k\right)-E_x^{n}\left(i+\frac{1}{2},j,k\right)}{\Delta t} + \sigma_{ex} E_x^{n+\frac{1}{2}}\left(i+\frac{1}{2},j,k\right)$$
$$= \frac{H_z^{n+\frac{1}{2}}\left(i+\frac{1}{2},j+\frac{1}{2},k\right)-H_z^{n+\frac{1}{2}}\left(i+\frac{1}{2},j-\frac{1}{2},k\right)}{\Delta y} - \frac{H_y^{n+\frac{1}{2}}\left(i+\frac{1}{2},j,k+\frac{1}{2}\right)-H_y^{n+\frac{1}{2}}\left(i+\frac{1}{2},j,k-\frac{1}{2}\right)}{\Delta z} \quad (1.11)$$

Etant donnée qu'il n'y a pas de champ électrique au point $\left(i\Delta x, j\Delta y, k\Delta z, \left(n+\frac{1}{2}\right)\Delta t\right)$, il faut donner une valeur à $E_x^{n+\frac{1}{2}}\left(i+\frac{1}{2},j,k\right)$. Ceci peut être fait en utilisant la moyenne dans le temps du champ de part et d'autre du point (Eq.1.12) [4].

$$E_x^{n+\frac{1}{2}}\left(i+\frac{1}{2},j,k\right) = \frac{E_x^{n+1}\left(i+\frac{1}{2},j,k\right)+E_x^{n}\left(i+\frac{1}{2},j,k\right)}{2} \quad (1.12)$$

En utilisant la moyenne dans le temps du champ électrique (Eq.1.12) dans l'Eq.1.11 et en effectuant la résolution pour $E_x^{n+1}\left(i+\frac{1}{2},j,k\right)$, l'expression de la composante x du champ électrique est obtenue à l'Eq.1.13.d. Les composantes des champs électriques et magnétiques des Eq.1.13 sont obtenues de manières similaires [1] [2].

$$H_x^{n+\frac{1}{2}}\left(i,j+\frac{1}{2},k+\frac{1}{2}\right) = \frac{1-\frac{\sigma_{mx}\Delta t}{2\mu_x}}{1+\frac{\sigma_{mx}\Delta t}{2\mu_x}} H_x^{n-\frac{1}{2}}\left(i,j+\frac{1}{2},k+\frac{1}{2}\right)$$
$$+ \frac{1}{1+\frac{\sigma_{mx}\Delta t}{2\mu_x}} \left\{ \begin{array}{l} \frac{\Delta t}{\mu_x \Delta z}\left(E_y^{n}\left(i,j+\frac{1}{2},k+1\right)-E_y^{n}\left(i,j+\frac{1}{2},k\right)\right) \\ -\frac{\Delta t}{\mu_x \Delta y}\left(E_z^{n}\left(i,j+1,k+\frac{1}{2}\right)-E_z^{n}\left(i,j,k+\frac{1}{2}\right)\right) \end{array} \right\} \quad (1.13.a)$$

$$H_y^{n+\frac{1}{2}}\left(i+\tfrac{1}{2},j,k+\tfrac{1}{2}\right) = \frac{1-\frac{\sigma_{my}\Delta t}{2\mu_y}}{1+\frac{\sigma_m\Delta t}{2\mu_y}} H_y^{n-\frac{1}{2}}\left(i+\tfrac{1}{2},j,k+\tfrac{1}{2}\right)$$

$$+\frac{1}{1+\frac{\sigma_{my}\Delta t}{2\mu_y}}\left\{\begin{array}{l}\frac{\Delta t}{\mu_y\Delta x}\left(E_z^n\left(i+1,j,k+\tfrac{1}{2}\right)-E_z^n\left(i,j,k+\tfrac{1}{2}\right)\right)\\[6pt]-\frac{\Delta t}{\mu_y\Delta z}\left(E_x^n\left(i+\tfrac{1}{2},j,k+1\right)-E_x^n\left(i+\tfrac{1}{2},j,k\right)\right)\end{array}\right\} \quad (1.13.b)$$

$$H_z^{n+\frac{1}{2}}\left(i+\tfrac{1}{2},j+\tfrac{1}{2},k\right) = \frac{1-\frac{\sigma_{mz}\Delta t}{2\mu_z}}{1+\frac{\sigma_{mz}\Delta t}{2\mu_z}} H_z^{n-\frac{1}{2}}\left(i+\tfrac{1}{2},j+\tfrac{1}{2},k\right)$$

$$+\frac{1}{1+\frac{\sigma_{mz}\Delta t}{2\mu_z}}\left\{\begin{array}{l}\frac{\Delta t}{\mu_z\Delta y}\left(E_x^n\left(i+\tfrac{1}{2},j+1,k\right)-E_x^n\left(i+\tfrac{1}{2},j,k\right)\right)\\[6pt]-\frac{\Delta t}{\mu_z\Delta x}\left(E_y^n\left(i+1,j+\tfrac{1}{2},k\right)-E_y^n\left(i,j+\tfrac{1}{2},k\right)\right)\end{array}\right\} \quad (1.13.c)$$

$$E_x^{n+1}\left(i+\tfrac{1}{2},j,k\right) = \frac{1-\frac{\sigma_{ex}\Delta t}{2\varepsilon_x}}{1+\frac{\sigma_{ex}\Delta t}{2\varepsilon_x}} E_x^n\left(i+\tfrac{1}{2},j,k\right)$$

$$+\frac{1}{1+\frac{\sigma_{ex}\Delta t}{2\varepsilon_x}}\left\{\begin{array}{l}\frac{\Delta t}{\varepsilon_x\Delta y}\left(H_z^{n+\frac{1}{2}}\left(i+\tfrac{1}{2},j+\tfrac{1}{2},k\right)-H_z^{n+\frac{1}{2}}\left(i+\tfrac{1}{2},j-\tfrac{1}{2},k\right)\right)\\[6pt]-\frac{\Delta t}{\varepsilon_x\Delta z}\left(H_y^{n+\frac{1}{2}}\left(i+\tfrac{1}{2},j,k+\tfrac{1}{2}\right)-H_y^{n+\frac{1}{2}}\left(i+\tfrac{1}{2},j,k-\tfrac{1}{2}\right)\right)\end{array}\right\} \quad (1.13.d)$$

$$E_y^{n+1}\left(i,j+\tfrac{1}{2},k\right) = \frac{1-\frac{\sigma_{ey}\Delta t}{2\varepsilon_y}}{1+\frac{\sigma_{ey}\Delta t}{2\varepsilon_y}} E_y^n\left(i,j+\tfrac{1}{2},k\right)$$

$$+\frac{1}{1+\frac{\sigma_{ey}\Delta t}{2\varepsilon_y}}\left\{\begin{array}{l}\frac{\Delta t}{\varepsilon_y\Delta z}\left(H_x^{n+\frac{1}{2}}\left(i,j+\tfrac{1}{2},k+\tfrac{1}{2}\right)-H_x^{n+\frac{1}{2}}\left(i,j+\tfrac{1}{2},k-\tfrac{1}{2}\right)\right)\\[6pt]-\frac{\Delta t}{\varepsilon_y\Delta x}\left(H_z^{n+\frac{1}{2}}\left(i+\tfrac{1}{2},j+\tfrac{1}{2},k\right)-H_z^{n+\frac{1}{2}}\left(i-\tfrac{1}{2},j+\tfrac{1}{2},k\right)\right)\end{array}\right\} \quad (1.13.e)$$

$$E_z^{n+1}\left(i,j,k+\tfrac{1}{2}\right) = \frac{1-\frac{\sigma_{ez}\Delta t}{2\varepsilon_z}}{1+\frac{\sigma_{ez}\Delta t}{2\varepsilon_z}} E_z^n\left(i,j,k+\tfrac{1}{2}\right)$$

$$+\frac{1}{1+\frac{\sigma_{ez}\Delta t}{2\varepsilon_z}}\left\{\begin{array}{l}\frac{\Delta t}{\varepsilon_z\Delta x}\left(H_y^{n+\frac{1}{2}}\left(i+\tfrac{1}{2},j,k+\tfrac{1}{2}\right)-H_y^{n+\frac{1}{2}}\left(i-\tfrac{1}{2},j,k+\tfrac{1}{2}\right)\right)\\[6pt]-\frac{\Delta t}{\varepsilon_z\Delta y}\left(H_x^{n+\frac{1}{2}}\left(i,j+\tfrac{1}{2},k+\tfrac{1}{2}\right)-H_x^{n+\frac{1}{2}}\left(i,j-\tfrac{1}{2},k+\tfrac{1}{2}\right)\right)\end{array}\right\} \quad (1.13.f)$$

Par souci de simplicité, les indices explicites des paramètres matériels (ε, μ, σ et σ_m) ont été omis. Les paramètres matériels partagent les mêmes indices que les composantes de champ correspondantes.

1.2.2. Stabilité numérique
a. Détermination du pas de temps

L'un des problèmes critiques à résoudre lors du développement d'un code qui utilise la technique de marche dans le temps est la stabilité de l'algorithme. La caractéristique de stabilité de l'algorithme FDTD dépend de la nature du modèle physique, de la technique de différenciation employée et de la qualité de la structure du maillage. La relation de dispersion est exprimée à l'Eq.1.14, avec k_i le vecteur d'onde dans la direction i et ω la fréquence angulaire [6] [7].

$$\omega = \frac{2}{\Delta t} sin^{-1} \left(c\Delta t \sqrt{\frac{1}{\Delta x^2} sin^2 \left(\frac{k_x \Delta x}{2}\right) + \frac{1}{\Delta y^2} sin^2 \left(\frac{k_y \Delta y}{2}\right) + \frac{1}{\Delta z^2} sin^2 \left(\frac{k_z \Delta z}{2}\right)} \right) (1.14)$$

Si ω est un nombre imaginaire, l'onde électromagnétique, $\Psi(r,t) = \Psi_0 e^{j(\omega t - \vec{k}.\vec{r})}$, soit s'atténuera rapidement jusqu'à zéro ou augmentera de façon exponentielle et deviendra divergente, selon que la partie imaginaire soit positive ou négative. Afin de s'assurer que ω soit un nombre réel, l'expression à l'intérieur de la parenthèse dans l'Eq.1.14 doit satisfaire la condition de l'Eq.1.15, pour que la solution soit stable [6].

$$c\Delta t \sqrt{\frac{1}{\Delta x^2} sin^2 \left(\frac{k_x \Delta x}{2}\right) + \frac{1}{\Delta y^2} sin^2 \left(\frac{k_y \Delta y}{2}\right) + \frac{1}{\Delta z^2} sin^2 \left(\frac{k_z \Delta z}{2}\right)} \leq 1 \qquad (1.15)$$

Le critère de l'Eq.1.15 est appelé condition de stabilité pour la méthode FDTD, et il est appelé condition de Courant (ou critère de Courant, Friedrichs et Lewy (CFL)). L'équation indique que le pas de temps est déterminé par la taille des cellules dans les directions x, y et z et la vitesse de la lumière dans le milieu [6].

En supposant que le vecteur d'onde k est réel (propagation sans perte) et en limitant toutes les fonctions sinus réelles par leurs valeurs maximales, la condition de Courant devient l'Eq.1.16.a. Pour un maillage spatial uniforme dans toutes les directions, le nombre de Courant est donné à l'Eq.1.16.b. Ceci permet d'assurer le fait que pour se propager sur la distance d'une cellule (Δx), une onde a besoin d'un temps minimum de Δt [6][7].

$$\Delta t \leq \frac{1}{c\sqrt{\left(\frac{1}{\Delta x}\right)^2 + \left(\frac{1}{\Delta y}\right)^2 + \left(\frac{1}{\Delta z}\right)^2}} \tag{1.16.a}$$

$$S_c = \frac{c\sqrt{q}\Delta t}{\Delta x} \leq 1 \tag{1.16.b}$$

où q est la dimension de l'espace de la simulation.

b. Détermination de la taille des cellules

Le choix de la taille de cellule à utiliser dans une formulation FDTD est similaire à toute procédure d'approximation : suffisamment de points d'échantillonnage doivent être pris pour garantir une représentation adéquate. Le nombre de points par longueur d'onde (N_λ) dépend de nombreux facteurs. Cependant, une bonne règle de base est $N_\lambda = 10$ points par longueur d'onde (Eq.1.17). L'expérience a montré que cela était adéquat, des inexactitudes apparaissant dès que l'échantillonnage tombe en dessous de ce taux [6].

$$\Delta i|_{i=x,y,z} = \frac{\lambda}{N_\lambda} \tag{1.17}$$

C'est le pire des scénarios qui devrait être envisagé. En général, cela impliquera de voir les fréquences les plus élevées à simuler et de déterminer la longueur d'onde correspondante (Eq.1.18) [6]. Avec c_0 la vitesse de la lumière dans le vide, et $\varepsilon_r(freq_{max})$ la permittivité relative du milieu à la fréquence $freq_{max}$.

$$\lambda = \frac{\frac{c_0}{\sqrt{\varepsilon_r(freq_{max})}}}{f} \tag{1.18}$$

Pour des simulations à 400 MHz dans un tissu biologique, l'énergie EM se propage à la longueur d'onde λ (Eq.1.19). Un muscle a une constante électrique relative d'environ 50 à 400 MHz, ce qui donne la taille des cellules à l'Eq.1.20 [6].

$$\lambda = \frac{0.424 \times 10^8 \ m/s}{4 \times 10^8 \ s^{-1}} = 10.6 \ cm \tag{1.19}$$

$$\Delta i \cong 1cm \tag{1.20}$$

1.3. Implémentation d'un code FDTD

1.3.1. Tableaux de mis à jour des champs

Pour implémenter la méthode FDTD au sein d'un programme informatique, les champs électriques et magnétiques sont stockés dans des tableaux (E et H) dont le nombre de cellules correspond au nombre de pas spatial de la grille. Les indices des tableaux E et H doivent être des entiers. Par conséquent, les décalages en demi-pas sur des grilles décalées sont virtuellement impliqués pour restaurer leur numérotation entière. L'exposant n correspond à une valeur actuelle, $n + \frac{1}{2}$ à une valeur future, et $n - \frac{1}{2}$ à une valeur passée d'un champ. Le temps est implicite au sein du programme, mais la position est explicite. Les indices de position tels que $k + 1/2$ et $k - 1/2$ sont arrondis à k et $k - 1$ afin de spécifier une position dans un tableau [4].

En terme de tableau utilisable au sein d'un programme informatique, les Eq.1.13.d, Eq.1.13.e et Eq.1.13.f sont réécrites comme aux Eq.1.20 afin d'avoir les équations de mis à jour des champs électriques. Les indices temporelles sont toujours indiqués dans les équations mais sont implicites lors de la mise en œuvre du programme. Les équations de mise à jour du champ magnétique et leurs coefficients sont données aux Eq.1.21 [7].

$$E_x^{n+1}(i,j,k) = C_{ee}(i,j,k)E_x^n(i,j,k)$$

$$+C_{eh}(i,j,k)\left\{\left(\frac{H_z^{n+\frac{1}{2}}(i,j,k)-H_z^{n+\frac{1}{2}}(i,j-1,k)}{\Delta y}\right)-\left(\frac{H_y^{n+\frac{1}{2}}(i,j,k+1)-H_y^{n+\frac{1}{2}}(i,j,k-1)}{\Delta z}\right)\right\} \quad (1.20.a)$$

$$E_y^{n+1}(i,j,k) = C_{ee}(i,j,k)E_y^n(i,j,k)$$

$$+C_{eh}(i,j,k)\left\{\left(\frac{H_x^{n+\frac{1}{2}}(i,j,k)-H_x^{n+\frac{1}{2}}(i,j,k-1)}{\Delta z}\right)-\left(\frac{H_z^{n+\frac{1}{2}}(i,j,k)-H_z^{n+\frac{1}{2}}(i-1,j,k)}{\Delta x}\right)\right\} \quad (1.20.b)$$

$$E_z^{n+1}(i,j,k) = C_{ee}(i,j,k)E_z^n(i,j,k)$$

$$+C_{eh}(i,j,k)\left\{\left(\frac{H_y^{n+\frac{1}{2}}(i,j,k)-H_y^{n+\frac{1}{2}}(i-1,j,k)}{\Delta x}\right)-\left(\frac{H_x^{n+\frac{1}{2}}(i,j,k)-H_x^{n+\frac{1}{2}}(i,j-1,k)}{\Delta y}\right)\right\} \quad (1.20.c)$$

$$C_{ee}(i,j,k)=\frac{1-\frac{\sigma_e(i,j,k)\Delta t}{2\varepsilon(i,j,k)}}{1+\frac{\sigma_e(i,j,k)\Delta t}{2\varepsilon(i,j,k)}} \text{ et } C_{eh}(i,j,k)=\frac{\frac{\Delta t}{\varepsilon(i,j,k)}}{1+\frac{\sigma_e(i,j,k)\Delta t}{2\varepsilon(i,j,k)}} \quad (1.20.d)$$

$$H_x^{n+\frac{1}{2}}(i,j,k) = C_{hh}(i,j,k)H_x^{n-\frac{1}{2}}(i,j,k)$$

$$+C_{he}(i,j,k)\left\{\left(\frac{E_y^n(i,j,k+1)-E_y^n(i,j,k)}{\Delta z}\right)-\left(\frac{E_z^n(i,j+1,k)-E_z^n(i,j,k)}{\Delta y}\right)\right\} \quad (1.21.a)$$

$$H_y^{n+\frac{1}{2}}(i,j,k) = C_{hh}(i,j,k)H_y^{n-\frac{1}{2}}(i,j,k)$$

$$+C_{he}(i,j,k)\left\{\left(\frac{E_z^n(i+1,j,k)-E_z^n(i,j,k)}{\Delta x}\right)-\left(\frac{E_x^n(i,j,k+1)-E_x^n(i,j,k)}{\Delta z}\right)\right\} \quad (1.21.b)$$

$$H_z^{n+\frac{1}{2}}(i,j,k) = C_{hh}(i,j,k)H_z^{n-\frac{1}{2}}(i,j,k)$$

$$+C_{he}(i,j,k)\left\{\left(\frac{E_x^n(i,j+1,k)-E_x^n(i,j,k)}{\Delta y}\right)-\left(\frac{E_y^n(i+1,j,k)-E_y^n(i,j,k)}{\Delta x}\right)\right\} \quad (1.21.c)$$

$$C_{hh}(i,j,k)=\frac{1-\frac{\sigma_m(i,j,k)\Delta t}{2\mu(i,j,k)}}{1+\frac{\sigma_m(i,j,k)\Delta t}{2\mu(i,j,k)}} \text{ et } C_{he}=\frac{\frac{\Delta t}{\mu(i,j,k)}}{1+\frac{\sigma_m(i,j,k)\Delta t}{2\mu(i,j,k)}} \quad (1.21.d)$$

1.3.2. Algorithme de calcul FDTD pour la propagation d'une onde EM

Après avoir dérivé les équations de mise à jour FDTD, un algorithme de marche dans le temps peut être construit comme illustré dans la Fig.1.2. La première étape de

25

cet algorithme consiste à configurer l'espace des problèmes, y compris les objets, les types de matériaux, les sources, et à définir tous les autres paramètres qui seront utilisés pendant le calcul FDTD [2] [7].

Pour la seconde étape de l'algorithme, les coefficients apparaissant dans Eq.1.20.d et Eq.1.21.d peuvent être calculés et stockés sous forme de tableaux avant le début de l'itération (boucle pour la marche du temps). Les composants de champ doivent également être définis comme des tableaux et doivent être initialisés avec des valeurs nuls puisque les valeurs initiales des champs dans l'espace du problème dans la plupart des cas sont égales à zéros [2].

Dans la troisième étape, les champs seront induits dans la grille en raison des sources au fur et à mesure que l'itération avance. A chaque étape de l'itération temporelle, les composantes du champ électrique sont mises à jour en utilisant l'Eq.1.20, puis les composantes du champ magnétique sont mises à jour en utilisant l'Eq.1.21. La mise à jour des champs consiste à calculer la valeur des champs sur chaque nœud d l'espace à l'instant indiqué par l'étape temporelle [2].

La grille a une taille finie et des conditions d'absorption aux limites (ABC : Absorbing Boundary Conditions) spécifiques peuvent être appliquées aux limites de l'espace. Une fois les champs mis à jour et les ABC appliquées, les valeurs actuelles de toutes les composantes de champ souhaitées peuvent être capturées et stockées, et ces données peuvent être utilisées pour un traitement en temps réel ou un post-traitement. Les itérations FDTD peuvent être poursuivies jusqu'à ce que le nombre d'étapes temporelles souhaité ait été atteint [7].

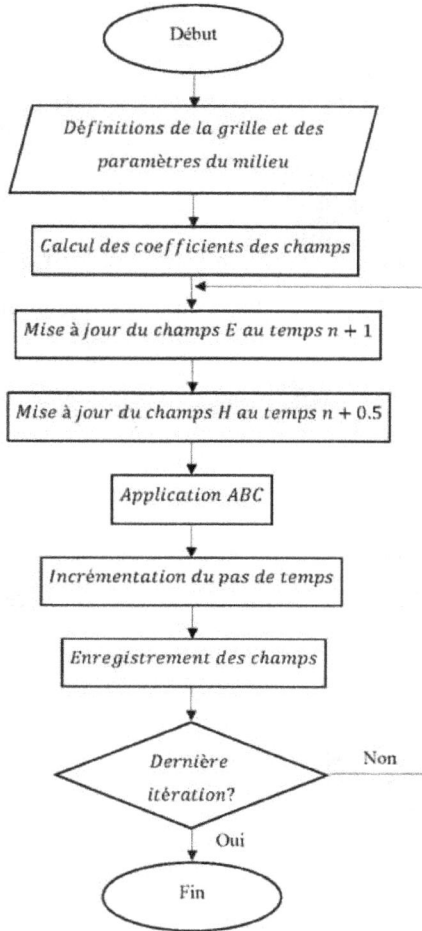

Figure 1.2 : Algorithme FDTD

1.4. Implémentation FDTD 1D

1.4.1. Définition d'une impulsion comme source

La fonction source prise ici est une impulsion gaussienne. Dans le monde continu, la fonction peut être exprimée comme à l'Eq.1.22 [4].

$$g(t) = e^{-\left(\frac{t-d}{w}\right)^2} \tag{1.22}$$

où d est le paramètre de retard temporel (ou centre de l'impulsion) et w est le paramètre de largeur d'impulsion. La fonction gaussienne a sa valeur maximale à $t = d$ et a une valeur de e^{-1} lorsque. $t = d \pm w$.

Puisque l'Eq.1.22 n'est qu'une fonction du temps, c'est-à-dire une fonction de $n\Delta t$ dans le monde discrétisé, il apparaît que l'étape temporelle Δt doit être explicitement indiquée (Eq.1.23).

$$g(n) = e^{-\left(\frac{n\Delta t-d}{w}\right)^2} \tag{1.23}$$

Afin de faciliter le paramétrage de la source, d et w sont choisis comme étant fonction de Δt (Eq.1.24). La fonction gaussienne ainsi discrétisée n'est plus fonction que du pas de temps n (Eq.1.25) [4].

$$d = d_g . \Delta t \text{ et } w = w_g . \Delta t \tag{1.24}$$

$$g(n) = e^{-\left(\frac{n-d_g}{w_g}\right)^2} \tag{1.25}$$

1.4.2. Equations de mis à jour 1D

L'espace unidimensionnel considéré est celui où il n'y a que des variations dans la direction x. En supposant que le champ électrique ne comporte qu'une composante z. Les équations de mises à jour des champs sont Eq.1.26 pour le champ électrique et Eq.1.27 pour le champ magnétiques [4] [8].

$$E_z^{n+1}(i) = C_{ee}(i)E_z^n(i) + C_{eh}(i)\left(H_y^{n+\frac{1}{2}}(i) - H_y^{n+\frac{1}{2}}(i-1)\right) \tag{1.26.a}$$

$$C_{ee}(i) = \frac{1 - \frac{\sigma_e(i)\Delta t}{2\varepsilon(i)}}{1 + \frac{\sigma_e(i)\Delta t}{2\varepsilon(i)}} \quad et \quad C_{eh}(i) = \frac{\frac{\Delta t}{\varepsilon(i)}}{1 + \frac{\sigma_e(i)\Delta t}{2\varepsilon(i)}} \frac{1}{\Delta x} \tag{1.26.b}$$

$$H_y^{n+\frac{1}{2}}(i) = C_{hh}(i)H_y^{n-\frac{1}{2}}(i) + C_{he}(i)\left(E_z^n(i+1) - E_z^n(i)\right) \tag{1.27.a}$$

$$C_{hh}(i) = \frac{1 - \frac{\sigma_m(i)\Delta t}{2\mu(i)}}{1 + \frac{\sigma_m(i)\Delta t}{2\mu(i)}} \quad et \quad C_{he} = \frac{\frac{\Delta t}{\mu(i)}}{1 + \frac{\sigma_m(i)\Delta t}{2\mu(i)}} \frac{1}{\Delta x} \tag{1.27.b}$$

1.4.3. Simulation FDTD 1D pour un espace libre (Vide)
a. Paramètres de simulation

Les paramètres matériels pour le vide sont exprimés aux Eq.1.28 [9].

$$\mu(i) = \mu_0 = 4.\pi.10^{-7} \, h/m \tag{1.28.a}$$
$$\varepsilon(i) = \varepsilon_0 = 8,854.10^{-12} \, F/m \tag{1.28.b}$$
$$\sigma_e(i) = \sigma_m(i) = 0 \tag{1.28.c}$$

La simulation dans le vide est faite avec un nombre de nœuds égal à 100 et un nombre de pas temporel égal à 400. La source est câblée au nœud 30 de la grille (Eq.1.29) [8].

$$ez(30) = g(n) \tag{1.29}$$

Pour la source, le retard temporel est $d_g = 30$ et la largeur d'impulsion est $w_g = 10$.

b. Condition de stabilité

Une fois la taille de cellule Δx choisie, le pas de temps Δt est déterminé par l'Eq.1.30 afin de satisfaire la condition de Courant.

29

$$\Delta t = \frac{\Delta x}{c_0} \text{ ou } S_c = 1 \qquad\qquad (1.30)$$

c. Lignes de codes

Les lignes de code sous Matlab correspondant à l'étape de Définition de la grille et des paramètres du milieu, avec une source de fréquence 500 MHz et un nombre de pas spatial de 10 par longueur d'onde, sont :

```
% -----------------------------------------------
% Définition des constantes
% -----------------------------------------------
eps_0 = 1/(pi*36e9); mu_0 = 4*pi*1e-7;c0 = 1/sqrt(eps_0*mu_0);
% Définition de la grille et temps de simulation max
% -----------------------------------------------------
nb_cel = 100; t_max = 400 ;
% Initialisations des champs et coefficients à 0
% -----------------------------------------------------
cee = zeros(1,nb_cel); ceh = zeros(1,nb_cel);
chh = zeros(1,nb_cel); che = zeros(1,nb_cel);
ez = zeros(1,nb_cel); hy = zeros(1,nb_cel);
ezo = zeros(nb_cel,t_max); hyo = zeros(nb_cel,t_max);
% Définitions tailles des cellules et pas de temps
% -----------------------------------------------------
freq_max = 500e6; eps_freq = 1; lambda = (c0/sqrt(eps_freq))/freq_max;
n_freq = 10; dx = lambda /n_freq ; dt = dx /c0 ;
% Définition paramètres de simulation
% -----------------------------------------
i_source = 30; dg = 30 ; wg = 10;
eps_r = ones (1,nb_cel); mu_r = ones (1,nb_cel);
eps = eps_0 * eps_r; mu = mu_0 * mu_r;
sigmae = zeros(1,nb_cel); sigmam = zeros(1,nb_cel);
```

Les coefficients de mise à jour des champs sont calculés à l'aide des lignes suivantes :

```
% Coefiscients pour la grille 1D
% ------------------------------------------------
    temp_e = zeros(1,nb_cel) ; temp_m = zeros(1,nb_cel);
    for i = 1 : nb_cel
        % coefficients de maj du champ électrique
        temp_e(i) = sigmae(i) * dt / (2 * eps (i));
        cee(i) = (1 - temp_e(i))/(1 + temp_e(i));
        ceh(i) = dt / ((1 + temp_e(i)) * eps(i) * dx);
        % coefficients de maj du champ magnétique
        temp_m(i) = sigmam(i) * dt / (2 * mu (i));
        chh(i) = (1 - temp_m(i))/(1 + temp_m(i));
        che(i) = dt / ((1 + temp_m(i)) * mu(i) * dx);
    end
```

Les mises à jour des champs ainsi que l'injection de la source au sein d'une boucle temporelle, composant la boucle FDTD principale, sont faites au sein des lignes de code suivantes :

```
% Boucle FDTD principale
% ------------------------------------------------
for t = 0 : 1 : t_max-1
    % Mise à jour du champ électrique Ez
    for i = 2 : nb_cel
        ez(i) = (cee(i) * ez(i)) + (ceh(i) *(hy(i)- hy(i-1)));
    end
    % Injection de la source
    arg_e = (t - dg) / wg; S = exp(-(arg_e)^2);
    ez(i_source)= S;
    % Mise à jour du champ magnétique Hy
    for i = 1 : nb_cel - 1
        hy(i) = (chh(i) * hy(i)) + che(i) * (ez(i + 1)- ez(i));
    end
    % Sauvegarde des champs à chaque pas de temps
    ezo(:,t+1)= ez;
    hyo(:,t+1)= hy;
end
```

La mise du champ E commence au nœud 2 de la grille et se termine au nœud 100. Ceci est dû au fait qu'il n'existe pas de nœud $hy(0)$ qui est nécessaire pour la mise à jour du nœud $ez(1)$. Ceci car, les indices des tableaux dans Matlab commencent par 1. Il en est de même pour la mise à jour du champ magnétique, qui se fait du nœud 1 au

31

nœud 99. La mise à jour de $hy(100)$ nécessite la valeur de $ez(101)$ qui n'existe pas vu que le champ électrique se termine au nœud 100.

d. Post-traitement des données

La figure 1.3 montre l'évolution du champ électrique sur les nœuds de la grille. La figure contient quatre instantanés du champ pris au pas de temps $n = 20, 30, 40$ et 100. En observant le nœud 30, aux $20^{\text{ème}}$ et $40^{\text{ème}}$ pas de temps ($n = d_g - w_g$ et $n = d_g + w_g$ la valeur du champ est à 30% de sa valeur maximale. Au $30^{\text{ème}}$ pas de temps, c'est-à-dire $n = d_g$, le champ atteint sa valeur maximale. Pour que l'onde passe d'une cellule à une autre, il lui faut un temps Δt (Eq.1.30). Ainsi, au $50^{\text{ème}}$ pas de temps une réflexion de l'onde EM par la limite gauche de la grille est observée. Les scripts pour les affichages sont données en Annexe 1.

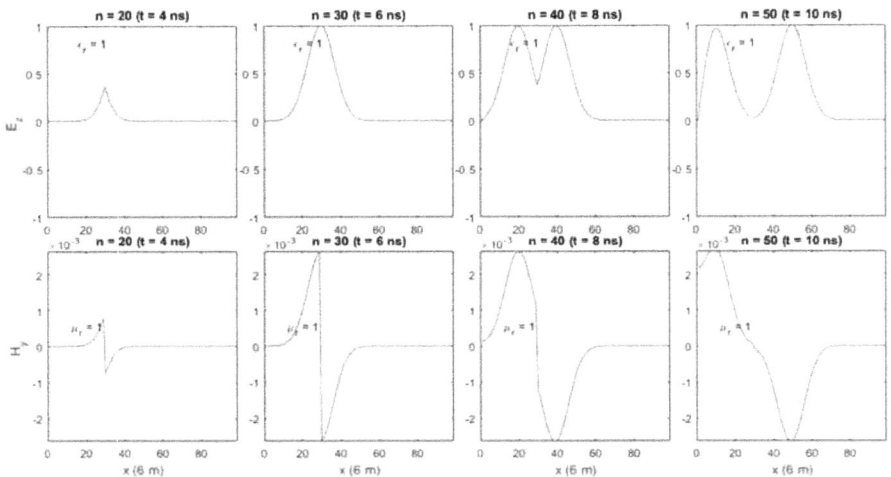

Figure 1.3 : Evolution du champ E dans le vide avec une grille 1D de taille 100

Après avoir atteint les limites de la grille, comme aucunes conditions aux limites n'ont été spécifiées, les valeurs des nœuds $ez(1)$ et $hy(100)$ sont égales à zéros, et restes inchangées durant toute la simulation. Ceci implique que la limite gauche de la grille se comporte comme un conducteur électrique parfait (PEC : Pefect Electric

Conductor), et que la limite droite se comporte comme un conducteur magnétique parfait (PMC : Perfect Magnetic Conductor).

Ainsi au 31ème pas de temps (Fig.1.4), les réflexions des champs peut être observées à la limite gauche de la grille (Nœud 1 de la grille). A cette limite gauche de la grille, l'onde rencontre un PEC et est réfléchi avec le signe de l'amplitude du champ électrique étant inversé, ceci afin de respecter la condition à cette limite $ez(1) = 0$. La réflexion de l'onde à cette limite n'affecte pas le signe de l'amplitude du champ magnétique. La figure 1.4 est une représentation en cascade de la propagation de l'onde EM au sein de la grille 1D. La représentation en cascade est la superposition de tous les instantanés des champs sur une seule grille.

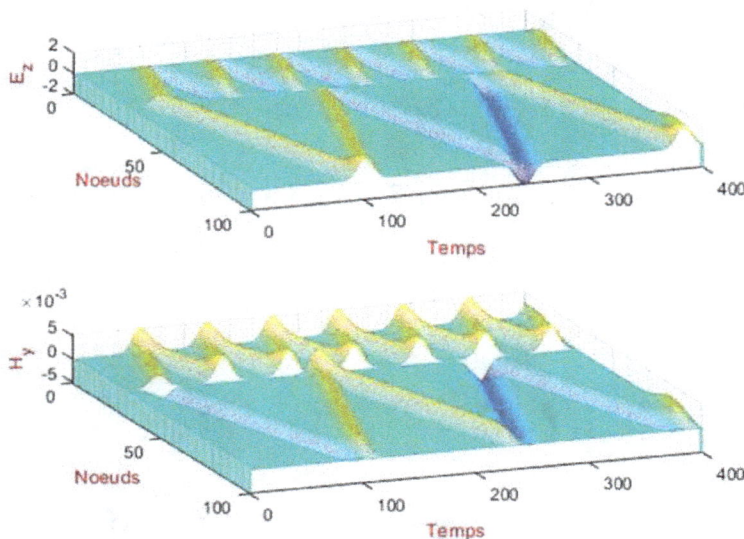

Figure 1.4 : Vues en cascade des champs E et H

A la limite droite de la grille (nœud 100), l'onde rencontre un PMC et est réfléchie sans inversion du signe de l'amplitude du champ électrique au 70ième pas de temps

(Fig.1.4). Pour un PMC, $hy(100) = 0$, c'est le signe de l'amplitude du champ magnétique qui est inversé à la réflexion de l'onde EM.

L'onde réfléchie par la limite gauche de la grille atteint le nœud 30 (Fig.1.4), nœud où la source a été introduite, au 60ième pas de temps. Comme la source a été câblée sur ce nœud (Eq.1.29), la valeur du nœud est égale à celle de la source (0 à $n = 60$), le nœud se comporte alors comme un PEC réfléchissant l'onde en inversant le signe du champ électrique. Ceci implique qu'aucune énergie ne peut traverser le nœud de la source câblée. Il en est de même pour l'onde réfléchie à la limite droite de la grille. Au 140ième pas de temps, l'onde atteint le nœud de la source et est réfléchie pas ce dernier. Ceci peut nuire à l'interprétation des résultats de la simulation. Afin de palier à ce problème, l'utilisation d'une source douce peut se faire en utilisant une source additive comme décrite à l'Eq.1.31.

$$ez(30) = ez(30) + g(n) \qquad (1.31)$$

La modification du programme FDTD se fait dans la boucle principale pour la modification de l'introduction de la source par source douce. La boucle principale devient :

```
% Boucle FDTD principale
% ---------------------------------------------
for t = 0 : 1 : t_max-1
    % Mise à jour du champ électrique Ez
    for i = 2 : nb_cel
        ez(i) = (cee(i) * ez(i)) + (ceh(i) *(hy(i)- hy(i-1)));
    end
    % Injection de la source
    arg_e = (t - dg) / wg; S = exp(-(arg_e)^2);
    ez(i_source)= ez(i_source) + S;
    % Mise à jour du champ magnétique Hy
    for i = 1 : nb_cel - 1
        hy(i) = (chh(i) * hy(i)) + che(i) * (ez(i + 1)- ez(i));
    end
    % Sauvegarde des champs à chaque pas de temps
    ezo(:,t+1)= ez;
    hyo(:,t+1)= hy;
end
```

La figure 1.5 illustre la propagation d'une onde EM dans une grille 1D avec utilisation de source douce. L'onde n'est plus réfléchie au nœud de la source et l'énergie peut le traverser.

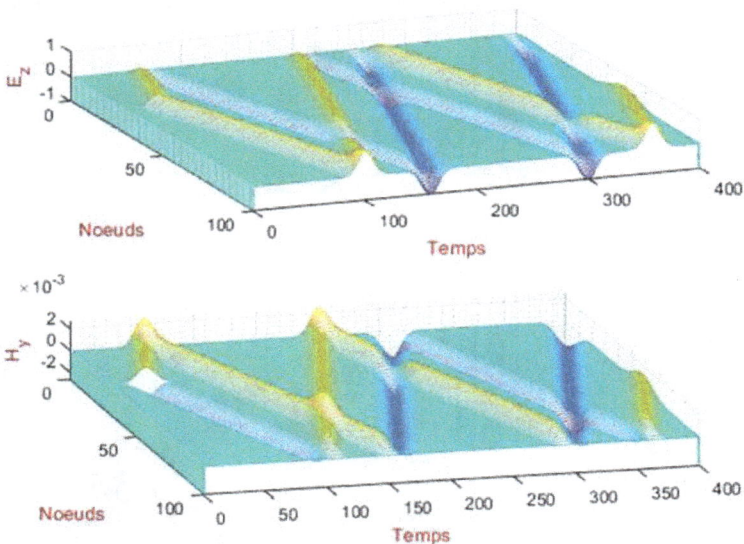

Figure 1.5 : Vues en cascade des champs E et H avec utilisation d'une source douce

1.5. Conclusion

L'implémentation de l'algorithme de calcul FDTD permet d'observer la propagation des champs électriques et magnétiques dans un espace-temps discrétisé. Les résultats de l'implémentation sont stables et précises dû au respect de la condition CFL ($S_c = 1$ pour le cas 1D), et du fait que la source n'est dépendante que du pas de temps.

Mais afin de compléter l'algorithme, des ABC (Absorbing Boundary Conditions) doivent être définis, ceci afin d'éliminer les réflexions aux limites de la grille. Car les ondes réfléchies aux limites de la grille pourraient interférer avec les ondes se propageant normalement à l'intérieur de la grille.

De plus, l'introduction de la source que ce soit de manière dure ou de manière douce entraine la propagation de l'onde de part et d'autre du nœud de la source. Pour que l'onde ne se propage que dans une seule direction, une limite TFSF (Total-Field / Scattered-Field) peut être ajoutée à l'algorithme.

Chapitre 2 :

MODELISATION AVEC LA METHODE FDTD EN 2D

La simplicité relative de la méthode FDTD a été vue lors de la mise en œuvre de la simulation dans le domaine en 1D. En passant dans le domaine en 2D, il apparaitra que la méthode reste relativement simple, étant donné que l'algorithme pour la mise en œuvre reste le même quelle que soit la dimension de l'espace choisi. L'augmentation de la dimension de l'espace de calcul entraine l'augmentation de la complexité de la mise en œuvre d'une simulation [10]. Nous verrons ainsi l'implémentation de la méthode FDTD pour la simulation de la propagation d'une onde EM dans un espace 2D.

2.1. Equations de mis à jour en 2D

Pour le cas d'une simulation en 2D, en considérant que les variations dans la direction z sont nulles ($\frac{1}{\Delta z} = 0$), l'expression des composantes des champs des Eq.1.20 et Eq.1.21 sont réduites aux Eq.2.1 (pour les composantes du champ électrique) et Eq.2.2 (pour les composantes du champ magnétique) [11].

$$E_x^{n+1}(i,j) = C_{ee}(i,j)E_x^n(i,j)$$

$$+C_{eh}(i,j)\left\{\left(\frac{H_z^{n+\frac{1}{2}}(i,j)-H_z^{n+\frac{1}{2}}(i,j-1)}{\Delta y}\right)\right\} \qquad (2.1.a)$$

$$E_y^{n+1}(i,j) = C_{ee}(i,j)E_y^n(i,j)$$

$$+C_{eh}(i,j)\left\{-\left(\frac{H_z^{n+\frac{1}{2}}(i,j)-H_z^{n+\frac{1}{2}}(i-1,j)}{\Delta x}\right)\right\} \qquad (2.1.b)$$

$$E_z^{n+1}(i,j) = C_{ee}(i,j)E_z^n(i,j)$$

$$+C_{eh}(i,j)\left\{\left(\frac{H_y^{n+\frac{1}{2}}(i,j,k)-H_y^{n+\frac{1}{2}}(i-1,j)}{\Delta x}\right) - \left(\frac{H_x^{n+\frac{1}{2}}(i,j)-H_x^{n+\frac{1}{2}}(i,j-1)}{\Delta y}\right)\right\} \qquad (2.1.c)$$

$$C_{ee}(i,j) = \frac{1-\frac{\sigma_e(i,j)\Delta t}{2\varepsilon(i,j)}}{1+\frac{\sigma_e(i,j)\Delta t}{2\varepsilon(i,j)}} \ \text{et } C_{eh}(i,j,k) = \frac{\frac{\Delta t}{\varepsilon(i,j)}}{1+\frac{\sigma_e(i,j)\Delta t}{2\varepsilon(i,j)}}$$ (2.1.d)

$$H_x^{n+\frac{1}{2}}(i,j) = C_{hh}(i,j)H_x^{n-\frac{1}{2}}(i,j)$$
$$+C_{he}(i,j)\left\{-\left(\frac{E_z^n(i,j+1)-E_z^n(i,j)}{\Delta y}\right)\right\}$$ (2.2.a)

$$H_y^{n+\frac{1}{2}}(i,j) = C_{hh}(i,j)H_y^{n-\frac{1}{2}}(i,j)$$
$$+C_{he}(i,j)\left\{\left(\frac{E_z^n(i+1,j)-E_z^n(i,j)}{\Delta x}\right)\right\}$$ (2.2.b)

$$H_z^{n+\frac{1}{2}}(i,j) = C_{hh}(i,j)H_z^{n-\frac{1}{2}}(i,j)$$
$$+C_{he}(i,j)\left\{\left(\frac{E_x^n(i,j+1)-E_x^n(i,j)}{\Delta y}\right) - \left(\frac{E_y^n(i+1,j)-E_y^n(i,j)}{\Delta x}\right)\right\}$$ (2.2.c)

$$C_{hh}(i,j) = \frac{1-\frac{\sigma_m(i,j)\Delta t}{2\mu(i,j)}}{1+\frac{\sigma_m(i,j)\Delta t}{2\mu(i,j)}} \ \text{et } C_{he} = \frac{\frac{\Delta t}{\mu(i,j)}}{1+\frac{\sigma_m(i,j)\Delta t}{2\mu(i,j)}}$$ (2.2.d)

Les équations 2.1 et 2.2 peuvent être regroupées selon les composantes du vecteur de champ. Deux ensembles sont donc obtenus, l'un regroupant $H_x, H_y, et\ E_z$ (Eq.2.3) et l'autre regroupant $E_x, E_y, et\ H_z$ (Eq.2.4). Ces deux ensembles d'équations définissent respectivement les modes de propagation TM (Transverse Magnetic) (Eq.2.3) et TE (Transverse Electric) (Eq.2.4) [11].

$$E_z^{n+1}(i,j) = C_{ezez}E_z^n(i,j)$$
$$+C_{ezhy}\left(H_y^{n+\frac{1}{2}}(i,j) - H_y^{n+\frac{1}{2}}(i-1,j)\right) + C_{ezhx}\left(H_x^{n+\frac{1}{2}}(i,j) - H_x^{n+\frac{1}{2}}(i,j-1)\right)$$ (2.3.a)

$$C_{ezez} = \frac{1-\frac{\sigma_{ez}\Delta t}{2\varepsilon_z}}{1+\frac{\sigma_{ez}\Delta t}{2\varepsilon_z}} \ ; \ C_{ezhx} = \frac{-\Delta t}{\left(1+\frac{\sigma_{ez}\Delta t}{2\varepsilon_z}\right)\varepsilon_z\Delta y} \ ; \ C_{ezhy} = \frac{\Delta t}{\left(1+\frac{\sigma_{ez}\Delta t}{2\varepsilon_z}\right)\varepsilon_z\Delta x}$$ (2.3.b)

$$H_x^{n+\frac{1}{2}}(i,j) = C_{hxhx}H_x^{n-\frac{1}{2}}(i,j) + C_{hxez}\big(E_z^n(i,j+1) - E_z^n(i,j)\big)$$

(2.3.c)

$$C_{hxhx} = \frac{1-\frac{\sigma_{mx}\Delta t}{2\mu_x}}{1+\frac{\sigma_{mx}\Delta t}{2\mu_x}} \; ; \; C_{hxez} = \frac{-\Delta t}{\left(1+\frac{\sigma_{mx}\Delta t}{2\mu_x}\right)\mu_x\Delta y}$$

(2.3.d)

$$H_y^{n+\frac{1}{2}}(i,j) = C_{hyhy}H_y^{n-\frac{1}{2}}(i,j) + C_{hyez}\big(E_z^n(i+1,j) - E_z^n(i,j)\big)$$

(2.3.e)

$$C_{hyhy} = \frac{1-\frac{\sigma_{my}\Delta t}{2\mu_y}}{1+\frac{\sigma_{my}\Delta t}{2\mu_y}} \; ; \; C_{hyez} = \frac{\Delta t}{\left(1+\frac{\sigma_{my}\Delta t}{2\mu_y}\right)\mu_y\Delta x}$$

(2.3.f)

$$H_z^{n+\frac{1}{2}}(i,j) = C_{hzhz}H_z^{n-\frac{1}{2}}(i,j)$$
$$+C_{hzex}\big(E_x^n(i,j+1) - E_x^n(i,j)\big) + C_{hzey}\left(E_y^n(i+1,j) - E_y^n(i,j)\right)$$

(2.4.a)

$$C_{hzhz} = \frac{1-\frac{\sigma_{mz}\Delta t}{2\mu_z}}{1+\frac{\sigma_{mz}\Delta t}{2\mu_z}} \; ; \; C_{hzex} = \frac{\Delta t}{\left(1+\frac{\sigma_{mz}\Delta t}{2\mu_z}\right)\mu_z\Delta y} \; ; \; C_{hzey} = \frac{-\Delta t}{\left(1+\frac{\sigma_{mz}\Delta t}{2\mu_z}\right)\mu_z\Delta x}$$

(2.4.b)

$$E_x^{n+1}(i,j) = C_{exex}E_x^n(i,j) + C_{exhz}\left(H_z^{n+\frac{1}{2}}(i,j) - H_z^{n+\frac{1}{2}}(i,j-1)\right)$$

(2.4.c)

$$C_{exex} = \frac{1-\frac{\sigma_x\Delta t}{2\varepsilon_x}}{1+\frac{\sigma_x\Delta t}{2\varepsilon_x}} \; ; \; C_{exhz} = \frac{\Delta t}{\left(1-\frac{\sigma_x\Delta t}{2\varepsilon_x}\right)\varepsilon_x\Delta y}$$

(2.4.d)

$$E_y^{n+1}(i,j) = C_{eyey}E_y^n(i,j) + C_{eyhz}\left(H_z^{n+\frac{1}{2}}(i,j) - H_z^{n+\frac{1}{2}}(i-1,j)\right)$$

(2.4.e)

$$C_{eyey} = \frac{1-\frac{\sigma_y\Delta t}{2\varepsilon_y}}{1+\frac{\sigma_y\Delta t}{2\varepsilon_y}} \; ; \; C_{eyhz} = \frac{-\Delta t}{\left(1+\frac{\sigma_y\Delta t}{2\varepsilon_y}\right)\varepsilon_y\Delta x}$$

(2.4.f)

2.2. Modélisation FDTD 2D en mode TM

2.2.1. Paramètre de simulations

Pour les simulations en 2D, la source utilisée est une impulsion gaussienne définie à l'Eq.1.22 [4]. La fréquence de la source est définie par $freq_{max} = 500\ MHz$. L'impulsion est introduite par source douce au nœud (50,50) de la grille FDTD de taille (200×100)(Eq.2.5).

$$ez(50,50) = ez(50,50) + g(n) \tag{2.5}$$

Le nombre de point par longueur d'onde est $N_\lambda = 10$. Afin de satisfaire le critère de stabilité de Courant, le nombre de Courant est défini à l'Eq.2.6.

$$S_c = \frac{c\sqrt{2}\Delta t}{\Delta i|_{i=x,y,z}} \leq 1 \tag{2.6}$$

La grille est construite de manière uniforme dans les directions $x\ et\ y$. De ce fait le pas spatial et le pas temporel sont définis à l'Eq.2.7.

$$\Delta x = \Delta y = \frac{\frac{1}{freq_{max}}}{N_\lambda} \ ; \ \Delta t = \frac{\Delta x}{c\sqrt{2}} \tag{2.7}$$

Le milieu considéré étant un milieu isotrope constitué par l'espace libre, les paramètres matériels sont donnés aux Eq.2.8.

$$\mu(i,j) = \mu_0 = 4.\pi.10^{-7}\ h/m \tag{2.8.a}$$

$$\varepsilon(i,j) = \varepsilon_0 = 8{,}854.10^{-12}\ F/m \tag{2.8.b}$$

$$\sigma_e(i,j) = \sigma_m(i,j) = 0 \tag{2.8.c}$$

2.2.2. Lignes de codes

La disposition spatiale des nœuds est présentée à la Fig.2.1. Comme aucune ABC n'est spécifiée, la grille FDTD 2D en mode TM est terminée à la limite supérieure et à la limite droite par un PMC. Les limites gauche et inférieure de la grille se comportent comme un PEC [4].

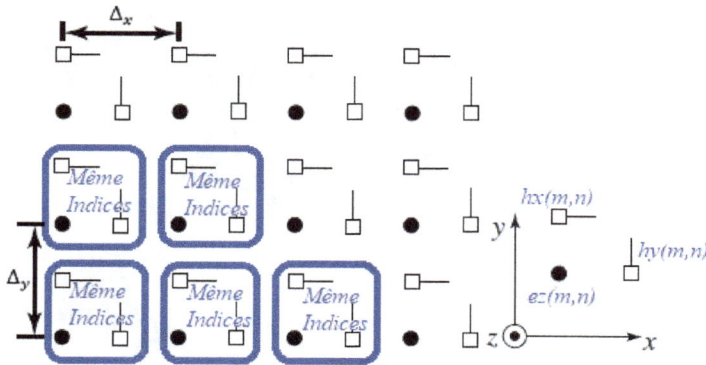

<u>Figure 2.1</u> : Disposition spatiale des nœuds de champs électriques et magnétiques pour la polarisation TM [4].

Avec Matlab, pour un tableau à deux dimensions, le premier indice représente les lignes et le second les colonnes. Afin de correspondre à un repère orthonormé habituel, où l'axe des x représente les abscisses et où l'axe des y représente les ordonnées, une transposition sera effectuée sur les matrices de champs avant la sauvegarde.

Les lignes de code sous Matlab correspondant à la première étape de l'Algorithme FDTD : « Définitions de la grille et des Paramètres du milieu », sont :

```
% ----------------------------------------------
% Définition des constantes
% ----------------------------------------------
eps_0 = 1/(pi*36e9); mu_0 = 4*pi*1e-7;c0 = 1/sqrt(eps_0*mu_0);
% Définition de la grille et temps de simulation max
% ----------------------------------------------
nx = 200; ny = 100; t_max = 500 ;
% Initialisations des champs et coefficients à 0
% ----------------------------------------------
cezez = zeros(nx,ny); cezhx = zeros(nx,ny); cezhy = zeros(nx,ny);
chxhx = zeros(nx,ny); chxez = zeros(nx,ny); chyhy = zeros(nx,ny);
chyez = zeros(nx,ny); ez = zeros(nx,ny); hx = zeros(nx,ny);
hy = zeros(nx,ny); ezo = zeros(ny,nx,t_max);
hxo = zeros(ny,nx,t_max); hyo = zeros(ny,nx,t_max);
% Définitions tailles des cellules et pas de temps
% ----------------------------------------------
freq_max = 500e6; eps_freq = 1; lambda = (c0/sqrt(eps_freq))/freq_max;
n_freq = 10; dx = lambda /n_freq ; dy = dx ; dt = dx /(sqrt(2)*c0) ;
% Définition paramètres de simulation
% ----------------------------------------------
i_src = 50; j_src = 50 ; dg = 30 ; wg = 10; eps_r = ones (nx,ny);
mu_r = ones (nx,ny); eps = eps_0 * eps_r; mu = mu_0 * mu_r;
sigmae = zeros(nx,ny); sigmam = zeros(nx,ny);
```

Les coefficients de mise à jour des champs, pour la grille FDTD 2D en mode TM, sont calculés à l'aide des lignes de code suivantes :

```
% Coefficients pour la grille 2D
% ----------------------------------------------
    for i = 1 : nx
        for j = 1 : ny
            % coefficients de maj du champ électrique
            temp_e(i,j) = sigmae(i,j) * dt / (2 * eps (i,j));
            cezez(i,j) = (1 - temp_e(i,j))/(1 + temp_e(i,j));
            cezhx(i,j) = -dt / ((1 + temp_e(i,j)) * eps(i,j) * dy);
            cezhy(i,j) = dt / ((1 + temp_e(i,j)) * eps(i,j) * dx);
            % coefficients de maj du champ magnétique
            temp_m(i,j) = sigmam(i,j) * dt / (2 * mu (i,j));
            chxhx(i,j) = (1 - temp_m(i,j))/(1 + temp_m(i,j));
            chxez(i,j) = -dt / ((1 + temp_m(i,j)) * mu(i,j) * dy);
            chyhy(i,j) = (1 - temp_m(i,j))/(1 + temp_m(i,j));
            chyez(i,j) = dt / ((1 + temp_m(i,j)) * mu(i,j) * dx);
        end
    end
```

Les mises à jour des champs ainsi que l'injection de la source au sein d'une boucle temporelle sont faites au sein des lignes de code suivantes :

```
% Boucle FDTD principale
% ---------------------------------------------
for t = 0 : 1 : t_max-1
    % Mise à jour du champ électrique Ez
    for i = 2 : nx
        for j = 2 : ny
            ez(i,j) = (cezez(i,j) * ez(i,j)) ...
                + (cezhy(i,j) * (hy(i,j) - hy(i-1,j))) ...
                + (cezhx(i,j) * (hx(i,j) - hx(i,j-1)));
        end
    end
    % Injection de la source
    ez(i_src,j_src)= ez(i_src,j_src) + exp(-((t - dg) / wg)^2);
    % Mise à jour des composantes du champ magnétique (Hy et Hx)
    for i = 1 : nx - 1
        for j = 1 : ny - 1
    hx(i,j) = chxhx(i,j) * hx(i,j) + chxez(i,j) * (ez(i,j+1) - ez(i,j));
    hy(i,j) = chyhy(i,j) * hy(i,j) + chyez(i,j) * (ez(i+1,j) - ez(i,j));
        end
    end
    % Sauvegarde des champs à chaque pas de temps
    ezo(:,:,t+1)= transpose(ez);
    hxo(:,:,t+1)= transpose(hx);hyo(:,:,t+1)= transpose(hy);
end
```

2.2.3. Post traitement des données

Les figures 2.2, 2.3 et 2.4 illustrent la propagation d'une onde EM dans une grille FDTD 2D en mode TM. Les figures représentent respectivement les allures de la composante z du champ électrique (E_z), et des composantes x et y du champ magnétique. Au 30ème pas de temps, le champ émet une radiation concentrique par rapport au nœud de la source. Au 70ème pas de temps, l'onde atteint les limites supérieure, inférieure et gauche de la grille. En haut l'onde est réfléchie par un PMC, à gauche et en bas elle est réfléchie par un PEC. Au fur et à mesure que la simulation avance, l'onde rebondit vers l'intérieur de la grille. Au 400ème pas de temps, l'identification de l'onde se propageant dans le milieu des ondes réfléchies par les limites de la grille FDTD devient impossible.

43

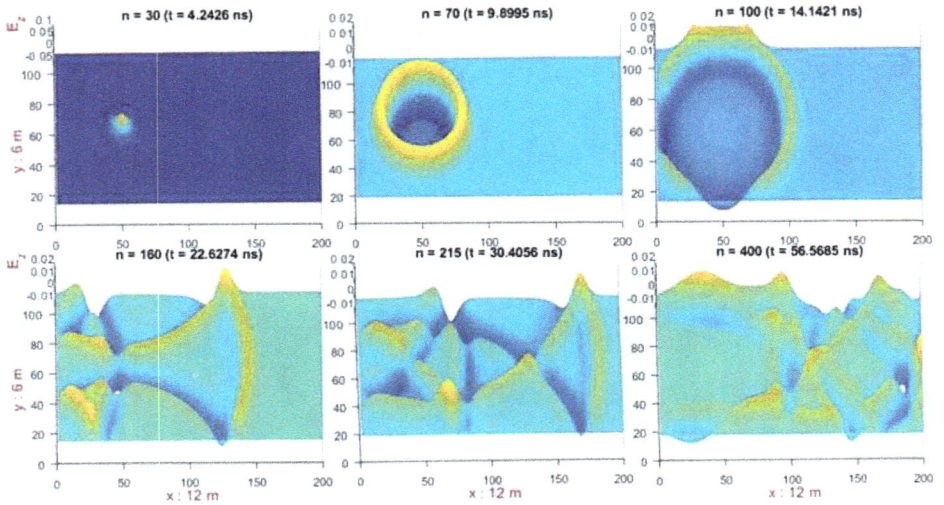

Figure 2.2 : Instantanés de E_z pour la propagation d'une onde EM dans une grille
FDTD 2D en   mode TM

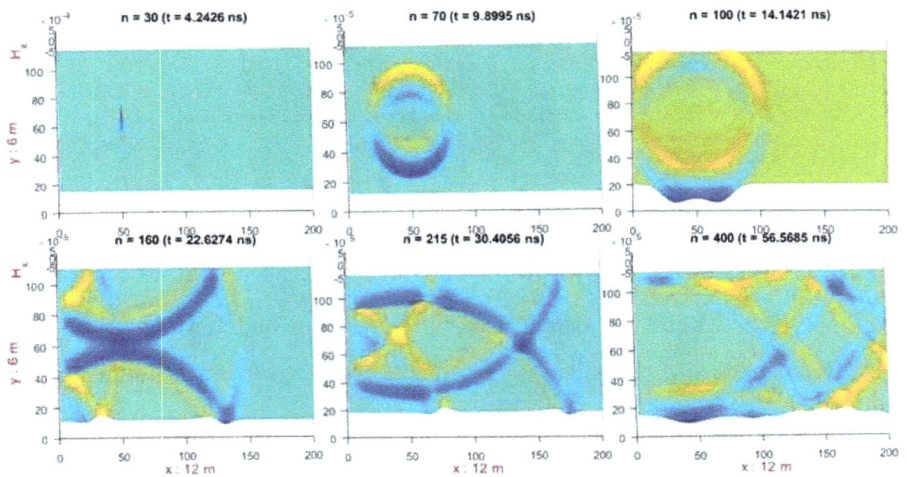

Figure 2.3 : Instantanés de H_x pour la propagation d'une onde EM dans une grille
FDTD 2D en   mode TM

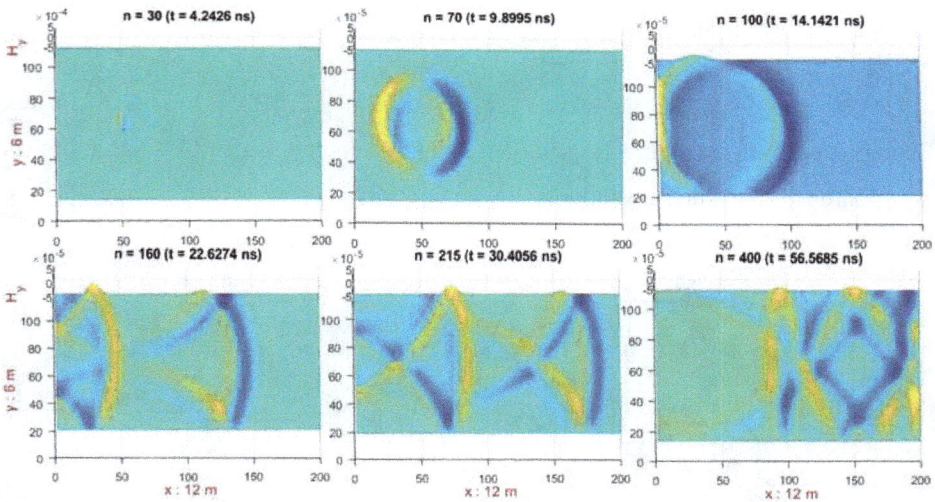

Figure 2.4 : Instantanés de H_y pour la propagation d'une onde EM dans une grille FDTD 2D en mode TM

Dans la figure 2.3, la propagation de la composante H_x du champ magnétique est observée. L'énergie de H_x est orientée suivant l'axe des y, alors l'amplitude de cette composante est beaucoup plus importante suivant cet axe. L'énergie de H_y est orientée suivant l'axe des x, donc son amplitude est beaucoup plus importante suivant cet axe (Fig.2.4).

2.3. Modélisation FDTD 2D en mode TE

2.3.1. Paramètre de simulations

La mise en œuvre de la simulation en mode TE, les paramètres sont les mêmes que ceux de la simulation en mode TM. La source utilisée est une impulsion. La fréquence de la source est définie par $freq_{max} = 500\ MHz$. La source est introduite au nœud (50,50) de la grille FDTD de taille (200×100) sur la composante E_x . Le nombre de point par longueur d'onde est $N_\lambda = 10$. La grille est construite de manière uniforme dans les directions $x\ et\ y$.

45

2.3.2. Lignes de codes

La disposition spatiale des nœuds est présentée à la Fig.2.5 [4]. Sans ABC, aux limites gauche et inférieure la grille se comporte comme un PEC. Et aux limites supérieure et droite elle se comporte comme un PMC.

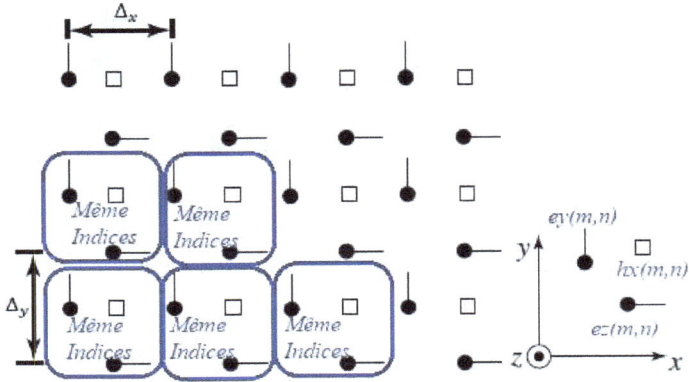

Figure 2.5 : Disposition spatiale des nœuds de champs électriques et magnétiques pour la polarisation TE [4].

Les lignes de code sous Matlab correspondant à la première étape de l'Algorithme FDTD : « Définitions de la grille et des Paramètres du milieu », pour le mode TE sont :

```
% -------------------------------------------------
% Définition des constantes
% -------------------------------------------------
eps_0 = 1/(pi*36e9); mu_0 = 4*pi*1e-7;c0 = 1/sqrt(eps_0*mu_0);
% Définition de la grille et temps de simulation max
% -------------------------------------------------
nx = 200; ny = 100; t_max = 500 ;
% Initialisations des champs et coefficients à 0
% -------------------------------------------------
chzhz = zeros(nx,ny); chzex = zeros(nx,ny); chzey = zeros(nx,ny);
cexex = zeros(nx,ny); cexhz = zeros(nx,ny); ceyey = zeros(nx,ny);
ceyhz = zeros(nx,ny); hz = zeros(nx,ny); ex = zeros(nx,ny);
ey = zeros(nx,ny); hzo = zeros(ny,nx,t_max);
exo = zeros(ny,nx,t_max); eyo = zeros(ny,nx,t_max);
% Définitions tailles des cellules et pas de temps
% -------------------------------------------------
freq_max = 500e6; eps_freq = 1; lambda = (c0/sqrt(eps_freq))/freq_max;
n_freq = 10; dx = lambda /n_freq ; dy = dx ; dt = dx /(sqrt(2)*c0) ;
% Définition paramètres de simulation
% -------------------------------------------------
i_src = 50; j_src = 50 ; dg = 30 ; wg = 10; eps_r = ones (nx,ny);
mu_r = ones (nx,ny); eps = eps_0 * eps_r; mu = mu_0 * mu_r;
sigmae = zeros(nx,ny); sigmam = zeros(nx,ny);
```

Les coefficients de mise à jour des champs, pour la grille FDTD 2D en mode TE,
sont calculés à l'aide des lignes de code suivantes :

```
% Coefficients pour la grille 2D
% -------------------------------------------------
    for i = 1 : nx
        for j = 1 : ny
            temp_e(i,j) = sigmae(i,j) * dt / (2 * eps (i,j));
            % coefficients de maj du champ électrique
            cexex(i,j) = (1 - temp_e(i,j))/(1 + temp_e(i,j));
            cexhz(i,j) = dt / ((1 + temp_e(i,j)) * eps(i,j) * dy);
            ceyey(i,j) = (1 - temp_e(i,j))/(1 + temp_e(i,j));
            ceyhz(i,j) = -dt / ((1 + temp_e(i,j)) * eps(i,j) * dx);
            % coefficients de maj du champ magnétique
            temp_m(i,j) = sigmam(i,j) * dt / (2 * mu (i,j));
            chzhz(i,j) = (1 - temp_m(i,j))/(1 + temp_m(i,j));
            chzex(i,j) = dt / ((1 + temp_m(i,j)) * mu(i,j) * dy);
            chzey(i,j) = -dt / ((1 + temp_m(i,j)) * mu(i,j) * dx);
        end
    end
```

Les mises à jour des champs ainsi que l'injection de la source au sein d'une boucle
temporelle sont faites au sein des lignes de code suivantes :

```
% Boucle FDTD principale
% ---------------------------------------------
for t = 0 : 1 : t_max-1
    % Mise à jour des composantes du champ électrique (Ex et Ey)
    for i = 2 : nx
        for j = 2 : ny
    ex(i,j) = cexex(i,j) * ex(i,j) + cexhz(i,j) * (hz(i,j) - hz(i,j-1));
    ey(i,j) = ceyey(i,j) * ey(i,j) + ceyhz(i,j) * (hz(i,j) - hz(i-1,j));
        end
    end
    % Injection de la source
    ex(i_src,j_src)= ex(i_src,j_src) + exp(-((t - dg) / wg)^2);
    % Mise à jour du champ magnétique (Hz)
    for i = 1 : nx - 1
        for j = 1 : ny - 1
            hz(i,j) = (chzhz(i,j) * hz(i,j)) ...
                + (chzey(i,j) * (ey(i+1,j) - ey(i,j))) ...
                + (chzex(i,j) * (ex(i,j+1) - ex(i,j)));
        end
    end
    % Sauvegarde des champs à chaque pas de temps
    hzo(:,:,t+1)= transpose(hz);
    exo(:,:,t+1)= transpose(ex); eyo(:,:,t+1)= transpose(ey);
end
```

2.3.3. Post traitement des données

La figure 2.6 illustre la propagation d'une onde EM dans une grille FDTD 2D en mode TE. La figure représente l'allure de la composante z du champ magnétique (H_z). Au 30ème pas de temps, le champ émet une radiation longitudinale dans la direction de l'axe des y. Ceci est dû au fait que l'énergie est introduite dans la composante x du champ électrique (E_x).

L'introduction de la source sur la composante y du champ électrique entraine la propagation de l'onde longitudinale suivant l'axe des x (Fig.2.7). Pour introduire la source dans la composante y du champ électrique (E_y) la ligne de code correspondante est la suivante :

```
% Injection de la source
ey(i_src,j_src)= ey(i_src,j_src) + exp(-((t - dg) / wg)^2);
```

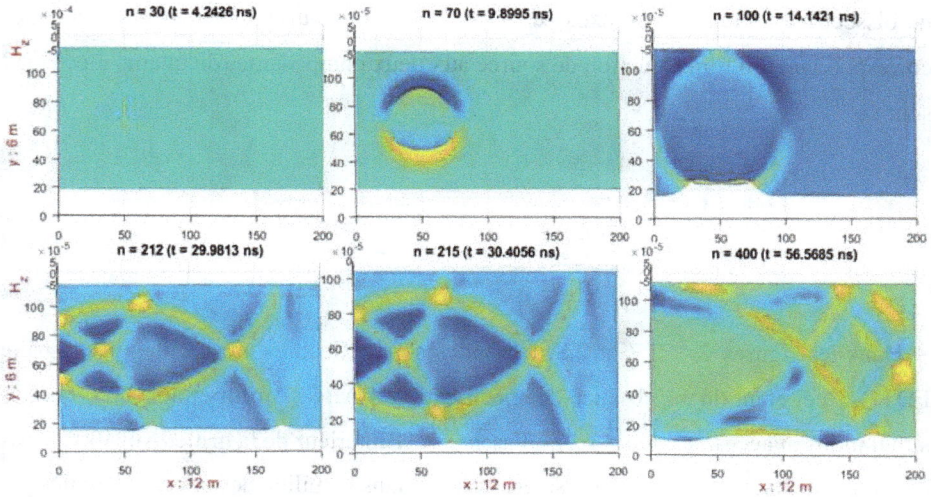

<u>Figure 2.6</u> : Instantanés de H_z pour la propagation d'une onde EM dans une grille
FDTD 2D en mode TE avec la source introduite sur E_x

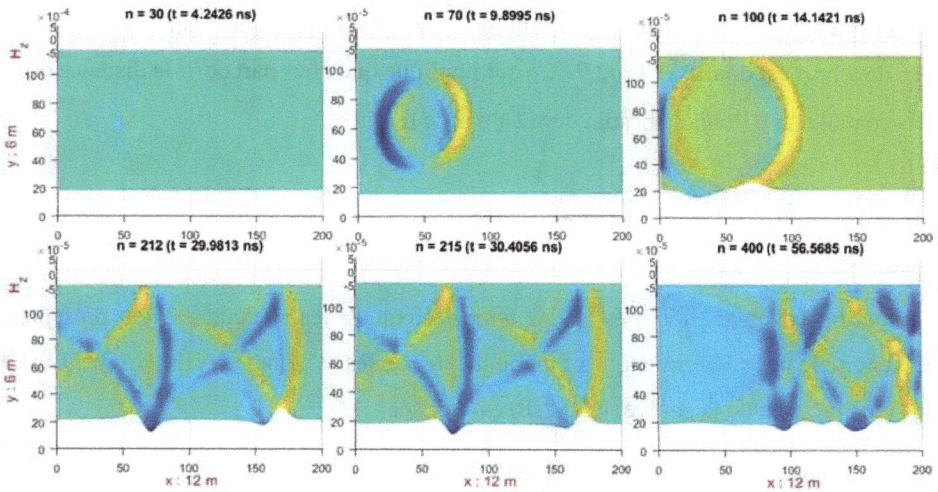

<u>Figure 2.7</u> : Instantanés de H_z pour la propagation d'une onde EM dans une grille
FDTD 2D en mode TE avec la source introduite sur E_y

Dans la figure 2.8, qui illustre la propagation d'une onde EM dans une grille FDTD
2D en mode TE, la propagation du champ H_z se fait dans la direction oblique suivant

49

la bissectrice obtenue des axes x et y au nœud source. Les lignes de codes correspondantes à l'introduction de source aux deux composantes du champ électrique sont :

```
% Injection de la source
ex(i_src,j_src)= ex(i_src,j_src) + exp(-((t - dg) / wg)^2);
ey(i_src,j_src)= ey(i_src,j_src) + exp(-((t - dg) / wg)^2);
```

Dans les figures 2.6, 2.7 et 2.8, les ondes sont réfléchies aux limites de la grille FDTD. Ceci étant dû à l'absence de spécification d'ABC. Au fur et à mesure que les simulations avances, les ondes rebondissent vers l'intérieur de la grille. Au 400ème pas de temps, la distinction des ondes se propageant dans le milieu des ondes réfléchies par les limites de la grille FDTD devient impossible.

Il est à rappeler que dans les simulations FDTD 2D présentées dans ce chapitre le pas de temps est donné à l'Eq.2.9. Ce qui implique que pour parcourir la distance d'un pas spatial (Δx), l'onde a besoin de $\sqrt{2}n$ pas de temps.

$$\Delta t = \frac{\Delta x}{c\sqrt{2}} \tag{2.9}$$

Ceci influence le choix des pas de temps auxquels les instantanés sont présentés. Par exemple pour déterminer le temps auquel les ondes atteignent les limites de la grille les plus proches de la source, l'Eq.2.10 est utilisée.

$$n_{limite} = distance(limite, noeud_{source}) \times \sqrt{2} \tag{2.10}$$

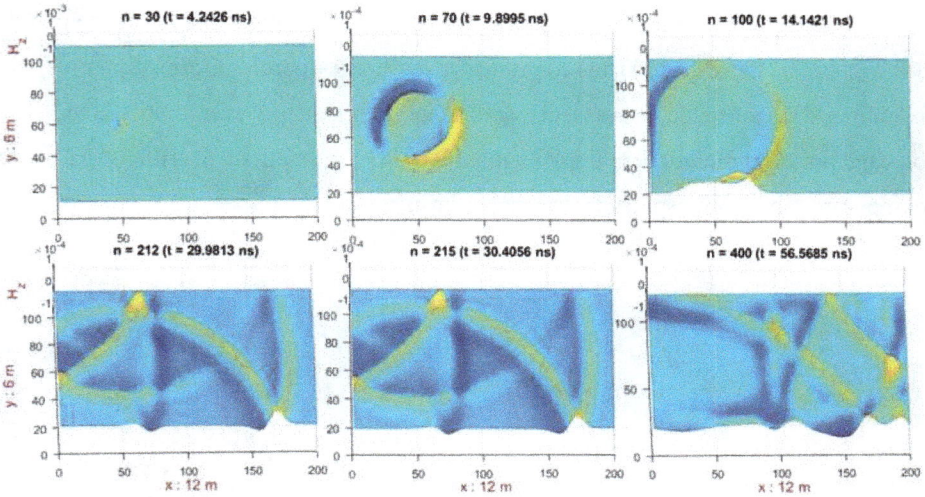

Figure 2.8 : Instantanés de H_z pour la propagation d'une onde EM dans une grille FDTD 2D en mode TE avec la source introduite sur E_x et E_y en même temps

2.4. Conclusion

La mise en œuvre de simulations FDTD dans un domaine en 2D reste relativement simple si la comparaison se fait avec la mise en œuvre en 1D. L'algorithme de mise en œuvre FDTD reste le même que celui du cas en 1D. Les seuls changements se font sur la définition du domaine de calcul dans un espace 2D, ce qui entraine le fait que les nœuds de la grille se trouvent dans un plan au lieu d'une ligne. Bien que la boucle principale de marche dans le temps reste inchangée, les boucles de mises à jour des champs dans l'espace impliquent des boucles imbriquées afin de considérer que chacune des composantes sont stockées au sein de tableaux à deux dimensions. En termes de calcul informatique ceci implique un temps d'exécution plus élevé par rapport au temps nécessaire pour le calcul en 1D.

Les simulations en 2D, que ce soit pour le mode de propagation TM ou que ce soit pour le mode TE, ont montré la nécessité d'application d'ABC pour la terminaison des grilles FDTD. L'absence d'ABC ne permet que la simulation de milieu de dimension

51

fini se comportant comme un résonateur. De plus, si le milieu à simuler est de grande taille (1 km au lieu de 12 m), les contraintes liées aux ressources informatiques (espace mémoire, fréquence du processeur) pourraient rapidement devenir des facteurs de blocage pour la simulation. L'implémentation d'ABC permettra à la grille FDTD de se comporter comme un espace de dimension infinie.

Chapitre 3 :

TERMINAISON DE GRILLES FDTD PAR COUCHES DE PERTES

Des conditions aux limites absorbantes (ABC : Absorbing Boundary Conditions) sont nécessaires pour empêcher les champs E et H sortants de se refléter dans l'espace du problème (grille FDTD). Normalement, lors du calcul du champ E, les valeurs H environnantes doivent être connues, mais aux limites de l'espace du problème, la valeur de H d'un côté de chaque limite n'existe pas. Il en est de même pour le champ magnétique. Les ABC, au sein d'une grille FDTD, permettent de faire en sorte que la grille se comporte comme un espace infini.

3.1. ABC simples en 1D

3.1.1. ABC simples pour un espace 1D vide

Le fait que les champs en bordure doivent se propager vers l'extérieur, sera utilisé pour estimer la valeur du champ aux limites en utilisant la valeur des nœuds les précédents. Si une onde se dirige vers une frontière dans l'espace libre, elle se déplace à c_0. Ainsi, en un seul pas de temps de l'algorithme FDTD, il parcourt la distance $d_{\Delta t}$ (Eq.3.1) avec $S_c = 1$ [4].

$$d_{\Delta t} = c_0 . \Delta t = c_0 \frac{\Delta x}{c_0} = \Delta x \qquad (3.1)$$

L'équation 3.1 montre qu'il faut un pas de temps pour que le champ traverse une cellule. Ainsi des conditions aux limites acceptables pourraient être comme décrites aux Eq.3.2. Pour la limite gauche de la grille l'ABC est définie par l'Eq.3.2.a, tandis que pour la limite droite elle est définie par l'Eq.3.2.b [4].

$$E_z^n(1) = E_z^{n-1}(2) \qquad (3.2.a)$$

$$H_y^n(i_{max}) = H_y^{n-1}(i_{max} - 1) \qquad\qquad (3.2.b)$$

La mise en œuvre de cette ABC simple nécessite le stockage des valeurs passées (valeurs au temps immédiatement antérieur au temps en cours) du champ électrique au nœud 2 et du champ magnétique au nœud $i_{max} - 1$. Pour ce faire, des variables temporaires sont utilisées afin de récupérer ces valeurs au début de la boucle temporelle et avant la mise à jour des champs. Les mises en œuvre des ABC se font après la mise à jour du champ électrique pour la limite gauche de la grille, et après la mise à jour du champ magnétique pour la limite droite. Tous les paramètres de simulation restant les mêmes que ceux utilisées dans le chapitre 1, seuls les lignes de codes de la boucle principale ont besoins d'être reprises :

```
% Boucle FDTD principale
% --------------------------------------------------
for t = 0 : 1 : t_max-1
    % Récupération des valeurs passés du noeud (2) et
    % du noeud (nb_cel-1) pour l'application d'ABC simple
    ezp = ez(2);
    hyp = hy(nb_cel-1);
    % Mise à jour du champ électrique Ez
    for i = 2 : nb_cel
        ez(i) = (cee(i) * ez(i)) + (ceh(i) *(hy(i)- hy(i-1)));
    end
    % Injection de la source
    arg_e = (t - dg) / wg; S = exp(-(arg_e)^2);
    ez(i_source)= S;
    % ABC à la limite gauche de la grille
    ez(1) = ezp;
    % Mise à jour du champ magnétique Hy
    for i = 1 : nb_cel - 1
        hy(i) = (chh(i) * hy(i)) + che(i) * (ez(i + 1)- ez(i));
    end
    % ABC à la limite droite de la grille
    hy(nb_cel) = hyp;
    % Sauvegarde des champs à chaque pas de temps
    ezo(:,t+1)= ez;
    hyo(:,t+1)= hy;
end
```

L'utilisation de cette ABC permet d'absorber les champs aux limites de l'espace au lieu de les réfléchir, comme le montre la vue en cascade des champs à la Fig.3.1, les

54

champs ne sont plus réfléchis aux bordures de la grille. Avec l'utilisation d'ABC, les simulations FDTD peuvent être considérées comme étant des simulations de propagations d'ondes dans un milieu infini, et que dans ces cas la grille de dimension finie peut être virtuellement considérée comme étant une fenêtre pour l'observation de la propagation de l'onde dans le milieu.

Il faut noter que dans cette implémentation, la source est câblée au nœud 30 de la grille. De ce fait aucune énergie ne peut traverser ce nœud [4]. Ceci ne cause aucun soucis dans ce cas précis vue qu'aucune onde n'est censée traversé ce nœud.

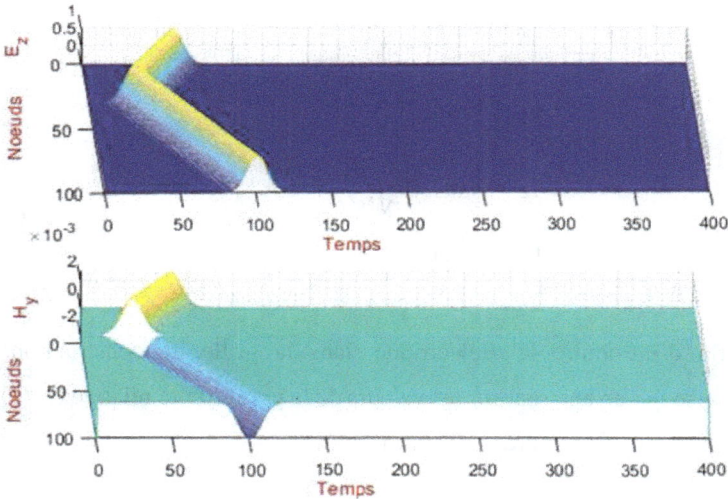

Figure 3.1 : Vues en cascade des champs pour une simulation FDTD 1D dans le vide avec des ABC simples.

3.1.2. Propagation dans un milieu diélectrique

Lorsqu'une onde est normalement incidente d'un milieu d'impédance caractéristique η_1 vers un milieu d'impédance caractéristique η_2, le coefficient de réflexion Γ et le coefficient de transmission T sont donnés par les Eq.3.3 [12].

$$\Gamma = \frac{\eta_2 - \eta_1}{\eta_2 + \eta_1} \tag{3.3.a}$$

$$T = \frac{2\eta_2}{\eta_2 + \eta_1} \tag{3.3.b}$$

La simulation consiste alors en la propagation d'une onde EM introduite dans le vide (nœud 1 à 60), au nœud 30 de la grille. L'onde parcours l'espace jusqu'à atteindre un matériau diélectrique de permittivité relative ($\varepsilon_r = 4.$) débutant au nœud 51 de la grille. Les impédances caractéristiques des milieux, données aux Eq.3.4.a pour le vide et Eq.3.4.b pour le diélectrique, donnent les coefficients de réflexion et de transmission à l'Eq.3.4.c [12].

$$\eta_1 = \eta_{vide} = \sqrt{\frac{\mu_0}{\varepsilon_0}} \tag{3.4.a}$$

$$\eta_2 = \eta_{diel} = \sqrt{\frac{\mu_0}{\varepsilon_0 \varepsilon_r}} = \frac{1}{2}\eta_1 \tag{3.4.b}$$

$$\Gamma = -\frac{1}{3} \text{ et } T = \frac{2}{3} \tag{3.4.c}$$

Afin d'introduire le diélectrique dans la grille, la construction du milieu anisotrope se fait en agissant sur les valeurs de la permittivité relative ($\varepsilon_r(i),$) à chaque nœud de la grille comme présentée par l'Eq.3.5.

$$\varepsilon_r\big(i\big|_{i\in[1,60]}\big) = 1 \; ; \; \varepsilon_r\big(i\big|_{i\in[61,100]}\big) = 4 \tag{3.5}$$

La mise en œuvre de l'Eq.3.5 se fait durant la première étape de l'algorithme FDTD. Les lignes de code correspondantes sont :

```
% --------------------------------------------------
% Définition des constantes
% --------------------------------------------------
eps_0 = 1/(pi*36e9); mu_0 = 4*pi*1e-7;c0 = 1/sqrt(eps_0*mu_0);
% Définition de la grille et temps de simulation max
% --------------------------------------------------
nb_cel = 100; t_max = 400 ;
% Initialisations des champs et coefficients à 0
% --------------------------------------------------
cee = zeros(1,nb_cel); ceh = zeros(1,nb_cel);
chh = zeros(1,nb_cel); che = zeros(1,nb_cel);
ez = zeros(1,nb_cel); hy = zeros(1,nb_cel);
ezo = zeros(nb_cel,t_max); hyo = zeros(nb_cel,t_max);
% Définitions tailles des cellules et pas de temps
% --------------------------------------------------
freq_max = 500e6; eps_freq = 4; lambda = (c0/sqrt(eps_freq))/freq_max;
n_freq = 20; dx = lambda /n_freq ; dt = dx /c0 ;
% Définition paramètres de simulation
% --------------------------------------------------
i_source = 30; dg = 30 ; wg = 10; n_m = 61;
eps_r = ones (1,nb_cel); mu_r = ones (1,nb_cel); eps_r(n_m:nb_cel) = 4;
eps = eps_0 * eps_r; mu = mu_0 * mu_r;
sigmae = zeros(1,nb_cel); sigmam = zeros(1,nb_cel);
```

La figure 3.2 donne les instantanés du champ électrique parcourant le vide et frappant un diélectrique. L'introduction de la source étant toujours réalisée par source câblée au nœud 30 de la grille 1D.

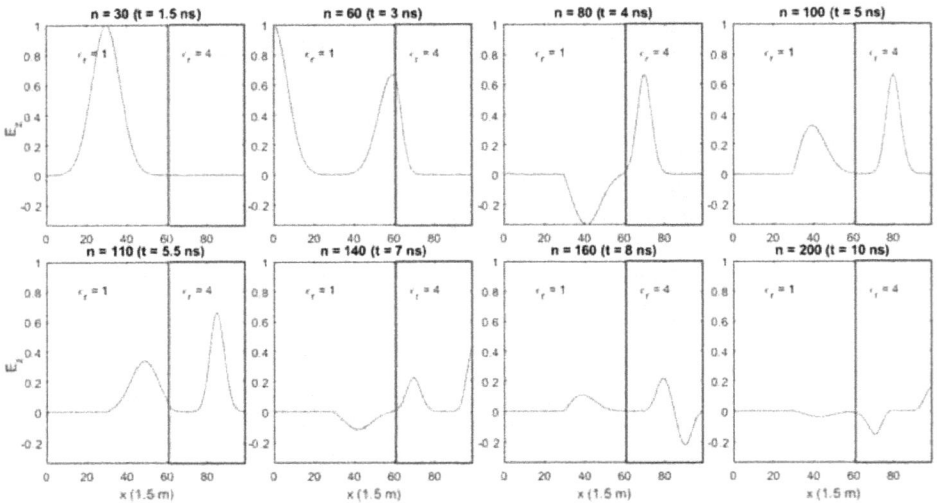

Figure 3.2 : Instantanés de E_z parcourant le vide (1D) puis frappant un diélectrique de permittivité relative $\varepsilon_r = 4$ avec utilisation de source câblée

Une fois que le champ rencontre l'interface au nœud 61 ($n = 60$), un champ réfléchi (c'est-à-dire un champ dispersé) est créé. Le champ réfléchi est négatif et a environ le tiers de l'amplitude de l'impulsion incidente ($n = 80$). De même, l'impulsion transmise est positive et a une amplitude de deux tiers de celle du champ incident. Le champ s'est divisé en impulsions émises d'amplitude -0.34 et réfléchies d'amplitudes 0.65.

Dans la figure 3.2, l'impulsion dans le diélectrique se déplace plus lentement que l'impulsion dans l'espace libre. Avec une permittivité relative de 4, la vitesse de la lumière dans le diélectrique est égale à la moitié de celle de l'espace libre. De ce fait, la terminaison de la grille avec un ABC simple à sa limite droite (Eq.3.2.b) ne marche plus.

Au 30ème pas de temps, l'onde provenant de la source atteint la limite gauche de la grille et est absorbée par l'ABC simple à la gauche de la grille (Eq.2.a). Au 60ème pas de temps l'onde réfléchie par l'interface vide/diélectrique atteint le nœud de la source et est réfléchie par celle-ci. Dans ce scénario, l'utilisation de source dure devient un handicap pour la simulation. Ainsi la Fig.3.3 illustre la propagation d'une onde EM dans le milieu, avec utilisation d'une source douce.

Dans la figure 3.3, l'onde réfléchie par l'interface vide/diélectrique traverse le nœud de la source et atteint la limite gauche de la grille au 93ème pas de temps. Comme l'ABC à cette limite est adéquate pour un milieu constitué de vide, l'onde est absorbée en atteignant la limite.

Dans les figure 3.2 et 3.3, l'onde atteint la limite droite de la grille au 110ème pas de temps. Etant donné que l'ABC simple ne considère que la vitesse de propagation d'onde dans le vide, à la limite droite de la grille l'onde n'est que partiellement absorbée et il y a réflexion à cette limite.

Une solution possible, pour l'ABC à la limite gauche, pourrait consister à mettre à jour le champ électrique sur la limite avec la valeur du nœud de champ électrique voisin à partir de deux pas de temps dans le passé. Cependant, si la permittivité relative du diélectrique était de 2, la vitesse de la lumière serait $c_0/\sqrt{2}$. Aucune valeur antérieure d'un nœud intérieur ne pourrait être utilisée directement pour mettre à jour le nœud de limite. Il est donc nécessaire de repenser la mise en œuvre de l'ABC simple afin qu'il puisse gérer ce genre de situation [4].

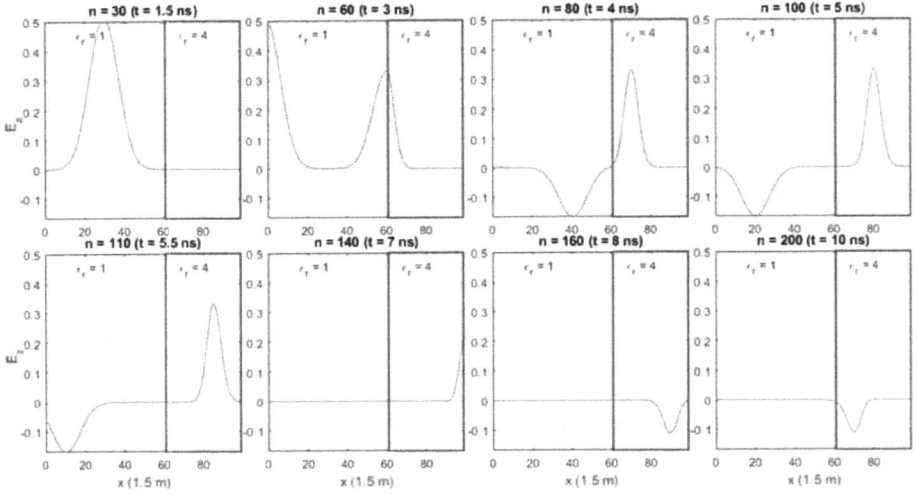

Figure 3.3 : Instantanés de E_z parcourant le vide (1D) puis frappant un diélectrique de permittivité relative $\varepsilon_r = 4$ avec utilisation de source douce

3.2. Couches avec pertes en 1D

3.2.1. Matériau avec pertes

Un milieu constitué de matériau à conductivité non nulle, $\sigma \neq 0$, est un milieu absorbant [12]. Les coefficients de mis à jour des champs sont réécrites aux Eq.3.6 et Eq.3.7. Les facteurs de perte, pe et pm, définissent les pertes dû à la conductivité non nul. Les facteurs de perte dépendent de la conductivité, mais au lieu de travailler sur les conductivités, il est plus aisé d'utiliser les facteurs de perte.

$$C_{ee}(i) = \frac{1-pe(i)}{1+pe(i)} \text{ et } C_{eh}(i) = \frac{1}{1+pe}\frac{\Delta t}{\varepsilon(i)\Delta x} \tag{3.6.a}$$

$$pe = \frac{\sigma(i)\Delta t}{2\varepsilon(i)} \tag{3.6.b}$$

$$C_{hh}(i,j,k) = \frac{1-pm(i)}{1+pm(i)} \text{ et } C_{he} = \frac{1}{1+pm(i)}\frac{\Delta t}{\mu(i)\Delta x} \tag{3.7.a}$$

$$pm(i) = \frac{\sigma_m(i)\Delta t}{2\mu(i)} \tag{3.7.b}$$

60

Les lignes de code correspondantes sont présentées au sein de la « définition paramètre de simulation » et « Coefficients pour la grille 1D » :

```
% Définition paramètres de simulation
% -----------------------------------
i_source = 30; dg = 30 ; wg = 10; n_m = 61;
eps_r = ones (1,nb_cel); mu_r = ones (1,nb_cel); eps_r(n_m:nb_cel) = 4;
eps = eps_0 * eps_r; mu = mu_0 * mu_r;
% Coefficients pour la grille 1D
% ----------------------------------------------
    pe = zeros(1,nb_cel) ; pm = zeros(1,nb_cel);
    pe(n_m:nb_cel) = 0.04 ;
    for i = 1 : nb_cel
        % coefficients de maj du champ électrique
        cee(i) = (1 - pe(i))/(1 + pe(i));
        ceh(i) = dt / ((1 + pe(i)) * eps(i) * dx);
        % coefficients de maj du champ magnétique
        chh(i) = (1 - pm(i))/(1 + pm(i));
        che(i) = dt / ((1 + pm(i)) * mu(i) * dx);
    end
```

La figure 3.4, montre la simulation d'un milieu diélectrique ($\varepsilon_r = 4$) avec une conductivité électrique non nul ($pe = 0.04$), du nœud 61 au nœud 100. L'ABC simple à la limite droite a été supprimée, vue qu'elle ne marche pas pour une limite adjacente à un diélectrique, mais celle de gauche est gardée. L'impulsion décroît à mesure qu'elle se propage dans la région avec pertes et finit par décroître jusqu'à une valeur négligeable.

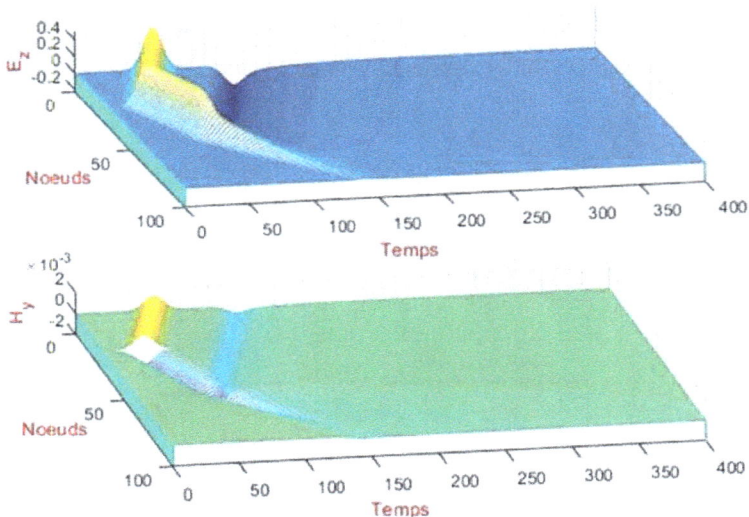

Figure 3.4 : Vues en cascade des champs avec couche de diélectrique avec perte (nœud 61 à 100) et terminaison par un ABC simple à gauche.

3.2.2. Appariement des couches sans pertes avec les couches avec pertes

En cas de perte, l'impédance caractéristique d'un milieu à perte est donnée à l'Eq.3.8. Lorsque $\sigma_m/\mu = \sigma_e/\varepsilon$, les termes entre parenthèses sont égaux et donc s'annulent. Avec ces termes annulés, l'impédance caractéristique est indiscernable du cas sans perte (Eq.3.9). Ce principe a été présenté par Berenger pour la formulation PML (Perfectly Matched Layer) [13].

$$\eta = \sqrt{\frac{\mu\left(1-j\frac{\sigma_m}{\omega\mu_0}\right)}{\varepsilon\left(1-j\frac{\sigma_e}{\omega\varepsilon}\right)}} = \eta_0\sqrt{\frac{\mu_r\left(1-j\frac{\sigma_m}{\omega\mu}\right)}{\varepsilon_r\left(1-j\frac{\sigma_e}{\omega\varepsilon}\right)}} \qquad (3.8)$$

$$\eta\big|_{\frac{\sigma_m}{\mu}=\frac{\sigma_e}{\varepsilon}} = \eta\big|_{\sigma_m=\sigma=0} = \eta_0\sqrt{\frac{\mu_r}{\varepsilon_r}} \qquad (3.9)$$

Comme indiqué dans l'Eq.3.3.a, le coefficient de réflexion d'une onde normalement incidente sur une limite plane est proportionnel à la différence d'impédance d'un côté

62

ou de l'autre de l'interface. Si le matériau d'un côté est sans perte alors que celui de l'autre côté est avec perte avec $\sigma_m/\mu = \sigma_e/\varepsilon$, alors les impédances sont appariées. Avec les impédances appariées, il n'y aura aucune réflexion à l'interface. Par conséquent, une couche avec perte peut être utilisée pour terminer la grille. Les champs se dissiperont dans la région avec pertes et, si la région est suffisamment grande, ils pourraient devenir petits au moment où ils rencontreront la fin du réseau. Après réflexion à la fin de la grille, les champs devraient se propager à travers la couche avec perte où ils se désintégreraient encore davantage [4].

Une couche avec pertes dont l'impédance est adaptée à la région précédente est mis en œuvre à la Fig.3.5. La figure 3.5 montre une vue en cascade de l'évolution du champ électrique depuis le vide (nœud 30) vers une couche diélectrique sans perte ($\varepsilon_r = 4$, nœud 61 à 89) puis avec perte ($\varepsilon_r = 4$ et $pe = 0.05$, nœud 90 à 100). Les conductivités sont appariées dans le sens où $\sigma_m/\mu = \sigma_e/\varepsilon$, soit $pe = pm$ dans les équations de mis à jour.

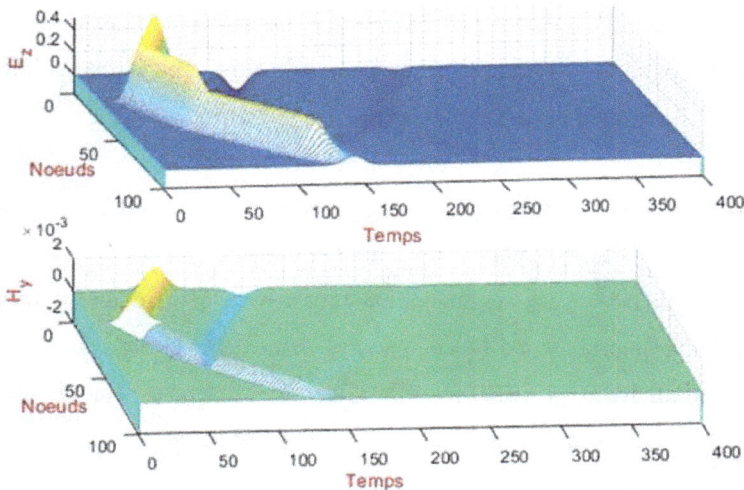

<u>Figure 3. 5</u> : Vues en cascade des champs avec couche de diélectrique sans perte (nœud 61 à 89) puis avec perte (nœud 90 à 100), et terminaison par un ABC simple à gauche.

Les impédances des supports sans perte et avec perte sont appariées, les champs pénètrent dans la région avec perte sans réflexion. En fait, cela est vrai dans le monde continu, mais approximativement vrai dans le monde FDTD discrétisé où une petite réflexion est présente. Lorsque les champs se propagent dans la région avec perte, ils se dissipent au point où ils sont presque négligeables lorsqu'ils entrent de nouveau dans la région sans perte [6][13].

3.2.3. Terminaison de grille avec couches de pertes appariées

Afin de mettre en œuvre des terminaisons de grille FDTD avec des couches absorbantes, il apparait qu'il faut tenir compte du fait que si pe est élevé (la conductivité σ_e est élevée) alors la couche est un conducteur de courant et donc réfléchi le champ électrique. La réflexion du champ, dans ce cas, serait aussi importante que la valeur de pe soit élevée. Or plus la valeur pe est grande, plus la dissipation de l'onde au sein de la couche de perte est importante.

Une couche absorbante optimale serait donc une couche où l'absorption se fait progressivement, c'est-à-dire avec la valeur de pe augmentant au fur et à mesure où la couche est traversée. Cette augmentation progressive peut réduire grandement les réflexions aux interfaces de la couche absorbante. D.M. Sullivan a introduit le paramètre auxiliaire xn (Eq.3.10) pour le calcul de PML, un paramètre similaire à pe [6]. Le calcul de pe sera fait de la même manière et décrit à l'Eq.3.11. Les valeurs de pe, dans une couche de quinze cellules à la limite droite de la grille sont vues au tableau I [14].

$$xn(i) = \frac{\sigma_e(i)\Delta t}{2\varepsilon_0} \tag{3.10}$$

$$pe(i) = 0.333 \left(\frac{i}{taille_{perte}}\right)^3 ;$$

$$i = [1, taille_{perte}], \ et \ i = [taille_{grille} - taille_{perte}, taille_{grille}] \tag{3.11}$$

Tableau I : Valeurs de pe à la limite droite de la grille pour une couche de perte composée de 15 cellules

$pe(86)$	$pe(87)$	$pe(88)$	$pe(89)$	$pe(90)$
$9.86e-5$	$7.89e-4$	0.0027	0.0063	0.0123
$pe(91)$	$pe(92)$	$pe(93)$	$pe(94)$	$pe(95)$
0.0213	0.338	0.0505	0.0719	0.0987
$pe(96)$	$pe(97)$	$pe(98)$	$pe(99)$	$pe(100)$
0.1313	0.1705	0.2168	0.2707	0.3330

La mise en œuvre d'ABC constituée de couches absorbantes de 15 $noeuds$, pour terminer une grille FDTD est définie par les lignes de code suivant :

```
% Définition paramètres de simulation
% ------------------------------------
i_source = 30; dg = 30 ; wg = 10; n_m = 61; n_perte = 15;
eps_r = ones (1,nb_cel); mu_r = ones (1,nb_cel); eps_r(n_m:nb_cel) = 4;
eps = eps_0 * eps_r; mu = mu_0 * mu_r;
% Assignation ABC couches de pertes
% ---------------------------------
pe = zeros(1,nb_cel) ;
for i = 1 : n_perte
    pe(n_perte - i + 1) = (1/3)*(i/n_perte)^3;
    pe(nb_cel - n_perte + i) = (1/3)*(i/n_perte)^3;
end
pm = pe ;
```

La figure 3.6 donne les vues en cascade de la mise œuvre de terminaisons de grilles 1D par des couches. L'onde est totalement dissipée que ce soit à la limite droite (appariement avec un diélectrique) ou que ce soit à la limite gauche (appariement avec le vide). Les réflexions des ondes aux interfaces de pertes deviennent négligeables et sont moins apparentes. Les instantanés de la Fig.3.7 illustrent l'absorption de l'onde au sein des couches de pertes.

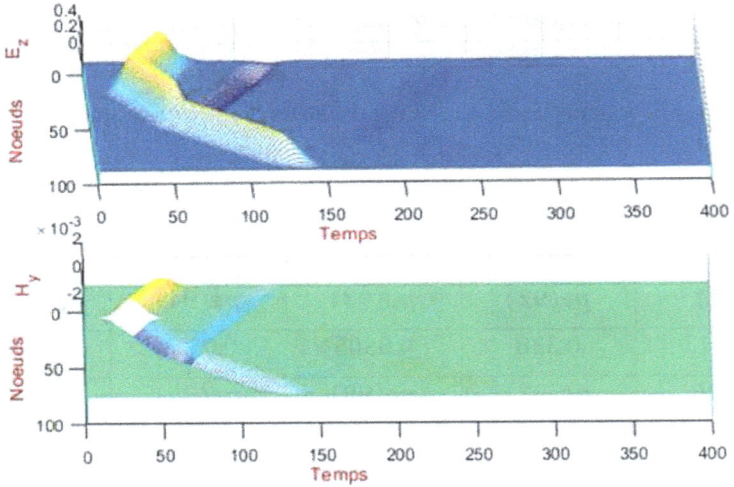

Figure 3.6 : Vues en cascade des champs avec couche de diélectrique sans perte (nœud 61 à 85) puis avec perte (nœud 86 à 100), et couche de vide avec perte (nœud 1 à 15).

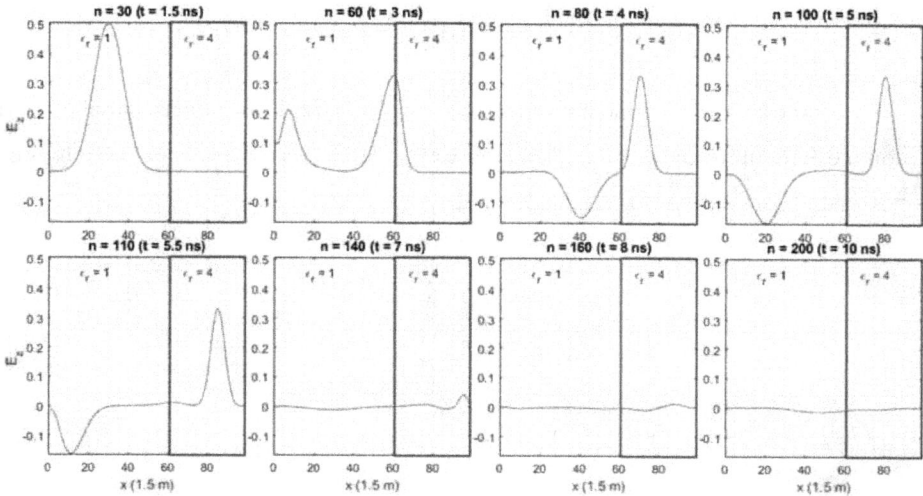

Figure 3.7 : Instantanés de E_z pour un milieu constitué de vide et de diélectrique et terminé par couches absorbantes

3.3. Terminaisons de grille 2D par couches absorbantes

3.3.1. Paramètres de simulations

a. La fonction source

Dans les simulations précédentes, la fonction source a toujours été définie par une gaussienne. Dans les simulations suivantes, la fonction source utilisée est une fonction harmonique définie à l'Eq.3.12.a. La fonction discrétisée, avec un pas de temps Δt, de la source est donnée à l'Eq.3.12.b [11]. La source est introduite au nœud $(50,50)$ de la grille FDTD 2D (de dimension 200×100).

$$e(t) = \sin(2.pi.f.t) \tag{3.12.a}$$
$$e(n) = \sin(2.pi.f.n.\Delta t) \tag{3.12.b}$$

b. Paramètres de la grille FDTD 2D

La source est définie avec la fréquence $f = 500\ MHz$. Le maillage spatial est défini comme étant uniforme dans les direction x et y (Eq.3.13.a). Ainsi le pas de temps et le pas spatial sont définis aux Eq.3.13.b et Eq.3.13.c.

$$\Delta x = \Delta y \tag{3.13.a}$$

$$\Delta x = \frac{c_0}{10.f} = 6\ cm \tag{3.13.b}$$

$$\Delta t = \frac{\Delta x}{\sqrt{2}.c_0} = 0.14\ ns \tag{3.13.c}$$

c. Réécriture des équations de mis à jour

Afin d'introduire les couches avec pertes, comme vue pour le cas 1D, les équations des mis à jour des champs sont réécrites aux Eq.3.14 pour le mode TM [14].

$$H_x^{n+\frac{1}{2}}(i,j) = c_{hxhx}H_x^{n-\frac{1}{2}}(i,j) + c_{hxez}\big(E_z^n(i,j+1) - E_z^n(i,j)\big) \tag{3.14.a}$$

$$c_{hxhx}(i,j) = \frac{1-pmx(i,j)}{1+pmx(i,j)}\ ; c_{hxez}(i,j) = \frac{-1}{(1+pmx(i,j))}\frac{\Delta t}{\mu_x(i,j)\Delta y} \tag{3.14.b}$$

$$pmx(i,j) = pm(i,j) = \frac{\sigma_{mx}(i,j)\Delta t}{2\mu_x(i,j)} \tag{3.14.c}$$

$$H_y^{n+\frac{1}{2}}(i,j) = c_{hyhy}H_y^{n-\frac{1}{2}}(i,j) + c_{hyez}\big(E_z^n(i+1,j) - E_z^n(i,j)\big) \tag{3.14.d}$$

$$c_{hyhy}(i,j) = \frac{1-pmy(i,j)}{1+pmy(i,j)}\ ; c_{hyez}(i,j) = \frac{1}{(1+pmy(i,j))}\frac{\Delta t}{\mu_y(i,j)\Delta x} \tag{3.14.e}$$

$$pmy(i,j) = pm(i,j) = \frac{\sigma_{my}(i,j)\Delta t}{2\mu_{y(i,j)}} \tag{3.14.f}$$

$$E_z^{n+1}(i,j) = c_{ezez}E_z^n(i,j) + c_{ezhy}\left\{H_y^{n+\frac{1}{2}}(i,j) - H_y^{n+\frac{1}{2}}(i-1,j)\right\}$$

$$+ c_{ezhx}\left\{H_x^{n+\frac{1}{2}}(i,j) - H_x^{n+\frac{1}{2}}(i,j-1)\right\} \tag{3.14.g}$$

$$c_{ezez}(i,j) = \frac{1-pez(i,j)}{1+pez(i,j)}\ ; c_{ezhy}(i,j) = \frac{1}{(1+pez(i,j))}\frac{\Delta t}{\varepsilon_z\Delta x}\ ;$$

$$c_{ezhx}(i,j) = \frac{-1}{(1+pez(i,j))} \frac{\Delta t}{\varepsilon_z(i,j)\Delta y} \qquad (3.14.\text{h})$$

$$pez(i,j) = pe(i,j) = \frac{\sigma_{ez}(i,j)\Delta t}{2\varepsilon_z(i,j)} \qquad (3.14.\text{i})$$

La réécriture des équations de mis à jour pour le cas TE, permet d'obtenir les Eq.3.15, et met en exergue les termes influençant l'absorption [14].

$$H_z^{n+\frac{1}{2}}(i,j) = c_{hzhz}H_z^{n-\frac{1}{2}}(i,j) + c_{hzex}\{E_x^n(i,j+1) - E_x^n(i,j)\}$$
$$+ c_{hzey}\{E_y^n(i+1,j,k) - E_y^n(i,j)\} \qquad (3.15.\text{a})$$

$$c_{hzhz}(i,j) = \frac{1-pmz(i,j)}{1+pmz(i,j)} \; ; \; c_{hzex}(i,j) = \frac{1}{(1+pmz(i,j))} \frac{\Delta t}{\mu_z(i,j)\Delta y} \; ;$$

$$c_{hzey}(i,j) = \frac{-1}{(1+pmz(i,j))} \frac{\Delta t}{\mu_z(i,j)\Delta x} \qquad (3.15.\text{b})$$

$$pmz(i,j) = pm(i,j) = \frac{\sigma_{mz}(i,j)\Delta t}{2\mu_z(i,j)} \qquad (3.15.\text{c})$$

$$E_x^{n+1}(i,j) = c_{exex}E_x^n(i,j) + c_{exhz}\left(H_z^{n+\frac{1}{2}}(i,j) - H_z^{n+\frac{1}{2}}(i,j-1)\right) \qquad (3.15.\text{d})$$

$$c_{exex}(i,j) = \frac{1-pex(i,j)}{1+pex(i,j)} \; ; \; c_{exhz}(i,j) = \frac{1}{(1-pex(i,j))} \frac{\Delta t}{\varepsilon_x(i,j)\Delta y} \qquad (3.15.\text{e})$$

$$pex = pe(i,j) = \frac{\sigma_x(i,j)\Delta t}{2\varepsilon_x(i,j)} \qquad (3.15.\text{f})$$

$$E_y^{n+1}(i,j) = c_{eyey}E_y^n(i,j) + c_{eyhz}\left(H_z^{n+\frac{1}{2}}(i,j) - H_z^{n+\frac{1}{2}}(i-1,j)\right) \qquad (3.15.\text{g})$$

$$c_{eyey}(i,j) = \frac{1-pey(i,j)}{1+pey(i,j)} \; ; \; c_{eyhz}(i,j) = \frac{-1}{(1+pey(i,j))} \frac{\Delta t}{\varepsilon_y(i,j)\Delta x} \qquad (3.15.\text{h})$$

$$pey(i,j) = pe(i,j) = \frac{\sigma_y(i,j)\Delta t}{2\varepsilon_y(i,j)} \qquad (3.15.\text{i})$$

3.3.2. Terminaison de grille par couche avec pertes pour le mode TM

L'absorption des ondes sur les bords de la grille est appliquée pour les ondes sortantes. Dans le cas 2D, deux types d'incidences d'ondes sortantes peuvent être vues. Les ondes sortantes peuvent avoir soit une incidence normale soit une incidence oblique par rapport aux limites de la grille. La couche de perte est paramétrée avec une absorption progressive au fur et à mesure que l'onde progresse dans la couche. Pour ce faire, le paramètre pe est calculé selon l'Eq.3.11. Les couches absorbantes d'épaisseur $taille_{perte}$ sont introduites aux limites de la grille de dimension $taille_x \times taille_y$ en utilisant les Eq.prg.16 [14]. La mise en œuvre est illustrée à la Fig.3.8, où les valeurs croissantes de $pe2d$ sont vues aux limites de la grille (de dimension 200×100) y compris pour les quatre coins de la grille.

$$i \in [1, taille_{perte}] \qquad\qquad (prg.16.a)$$

$$pe2d([i: taille_x - i + 1], i) = pe(taille_{perte} - i + 1) \qquad (prg.16.b)$$

$$pe2d([i: taille_x - i + 1], taille_y - i + 1) = pe(taille_{perte} - i + 1)$$
(prg.16.c)

$$pe2d(i, [i: taille_y - i + 1]) = pe(taille_{perte} - i + 1) \qquad (prg.16.d)$$

$$pe2d(taille_x - i + 1, [i: taille_y - i + 1]) = pe(taille_{perte} - i + 1) \quad (prg.16.e)$$

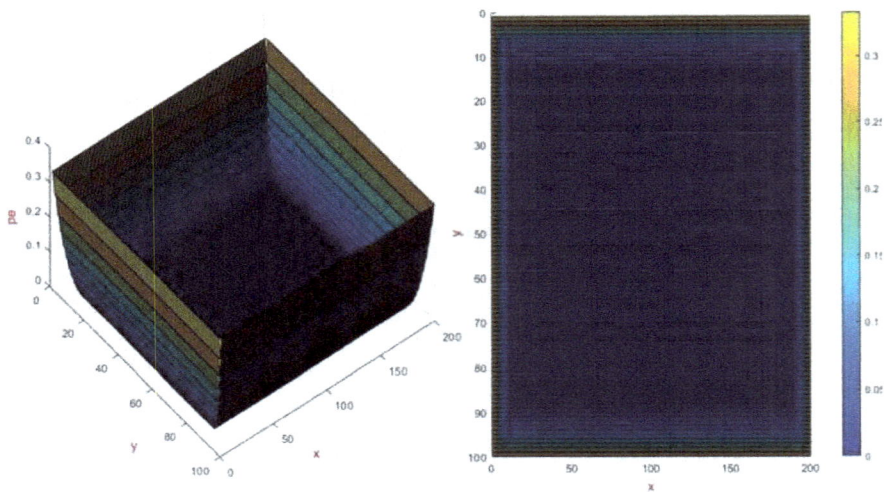

Figure 3.8 : Valeurs de pe sur la totalité de limites d'une grille 2D

Pour la mise en œuvre de la simulation, l'introduction d'ABC formée de couche absorbante est ajoutée aux lignes de code. Ainsi la définition des paramètres de

70

simulation ainsi que le calcul des coefficients de la grille 2D s'en trouvent modifiés. Les lignes de code correspondantes sont :

```
% Définition paramètres de simulation
% -------------------------------------
i_src = 50; j_src = 50 ; dg = 30 ; wg = 10; eps_r = ones (nx,ny);
mu_r = ones (nx,ny); eps = eps_0 * eps_r; mu = mu_0 * mu_r;
% Assignation ABC couches de pertes
% -------------------------------------
n_perte = 15 ; val_perte = zeros(1,n_perte); pe = zeros(nx,ny);
for i = 1 : n_perte
    val_perte(i) = (1/3) * (i / n_perte)^3;
end
for i = 1 : n_perte
    temp = val_perte(n_perte - i + 1);
    pe(i : nx - i + 1 , i) = temp;
    pe(i : nx - i + 1 , ny - i + 1) = temp;
    pe(i , i : ny - i + 1) = temp;
    pe(nx - i + 1 , i : ny - i + 1) = temp;
end
pm = pe;

% Coefficients pour la grille 2D
% -------------------------------------------------
    for i = 1 : nx
        for j = 1 : ny
            % coefficients de maj du champ électrique
            cezez(i,j) = (1 - pe(i,j))/(1 + pe(i,j));
            cezhx(i,j) = -dt / ((1 + pe(i,j)) * eps(i,j) * dy);
            cezhy(i,j) = dt / ((1 + pe(i,j)) * eps(i,j) * dx);
            % coefficients de maj du champ magnétique
            chxhx(i,j) = (1 - pm(i,j))/(1 + pm(i,j));
            chxez(i,j) = -dt / ((1 + pm(i,j)) * mu(i,j) * dy);
            chyhy(i,j) = (1 - pm(i,j))/(1 + pm(i,j));
            chyez(i,j) = dt / ((1 + pm(i,j)) * mu(i,j) * dx);
        end
    end
```

La figure 3.9 donne les instantanés du champ E_z sur le plan (xy). Au $70^{\text{ème}}$ pas de temps, l'onde entre dans les couches absorbantes des bordures de l'axe des y et de la bordure inférieure de l'axe des x. Au $100^{\text{ème}}$ pas de temps, l'atténuation de l'onde dans les couches absorbantes peut être vue. En continuant la simulation jusqu'au $400^{\text{ème}}$ pas de temps, les réflexions aux bordures de la grille ne perturbent pas la propagation de l'onde.

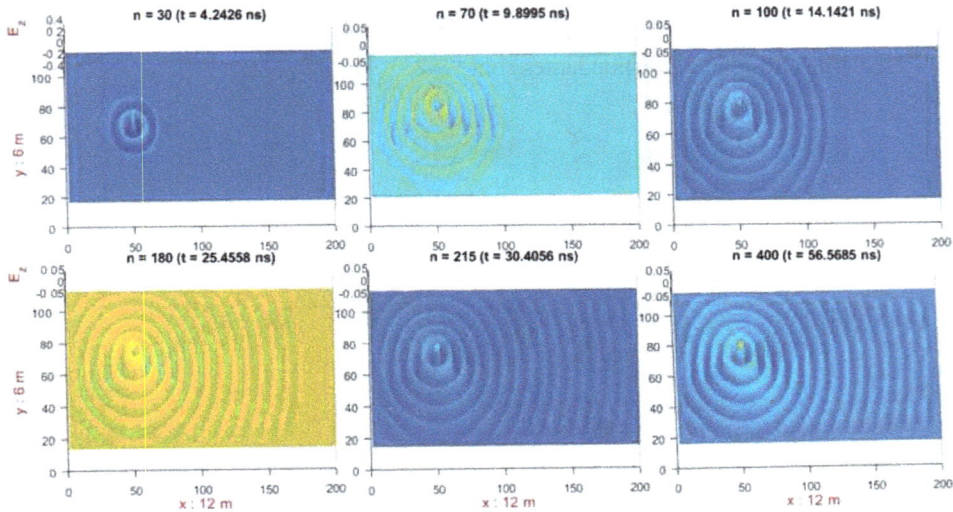

Figure 3.9 : Instantanés du champ E_z se propageant dans une grille FDTD 2D terminée par des couches avec pertes appariées au milieu

3.4. Conclusion

L'implémentation de grille FDTD de dimension infini dans un programme informatique n'est pas faisable, du fait que les tableaux informatiques sont toujours de dimension finie. L'introduction d'ABC au sein d'une grille FDTD permet de faire en sorte que la grille, de dimension finie, se comporte comme étant un espace de dimension infini. La grille FDTD apparait donc comme étant une fenêtre d'observation de la propagation d'une onde EM dans un milieu de dimension infini.

L'efficacité de l'utilisation de couches avec pertes pour la terminaison de la grille est permanente que le milieu soit constitué de vide ou qu'il soit constitué de matériau diélectrique. Bien que les calculs théoriques de l'appariement des couches des pertes avec des couches sans pertes conduisent au fait qu'il n'y ait aucune réflexion aux interfaces, lors des simulations de petites réflexions sont présentent. Ces réflexions sont dues aux approximations faites lors de la réalisation des simulations numériques.

Néanmoins les réflexions aux interfaces sont négligeables et les interférences entre les ondes réfléchies et l'onde se propageant dans le milieu ne sont pas visibles.

Chapitre 4 :

FORMULATION CHAMP TOTAL / CHAMP DISPERSE (TFSF) DANS LA METHODE FDTD

Le câblage de la source sur le nœud d'une grille FDTD, présente l'inconvénient qu'aucune énergie ne peut passer par le nœud source. Ce problème peut être corrigé en utilisant une source additive. Cependant l'introduction de la source sur un nœud autre que l'origine conduit à la propagation du champ dans toutes les directions des nœuds voisins au nœud de la source. Afin de remédier à cela, l'introduction de source additive se fait par implémentation de limite Champ Total / Champ Dispersé (TFSF : Total Field / Scattered Field).

4.1. Formulation TFSF en 1D

4.1.1. Solution de l'équation d'onde 1D

L'équation d'onde, qui régit le champ électrique ou magnétique dans une dimension d'une région sans source, peut être écrite comme à l'Eq.4.1 [9].

$$\frac{\partial^2 f(x,t)}{\partial x^2} - \mu\varepsilon\frac{\partial^2 f(x,t)}{\partial t^2} = 0 \qquad (4.1)$$

Toute fonction $f(\xi)$ qui est deux fois différentiable est une solution à l'équation d'onde. Dans le cas 1D, l'argument ξ est remplacé par $t \pm x/c$, avec $c = \frac{1}{\sqrt{\mu\varepsilon}}$, pour que $f(\xi)$ soit une solution à l'équation [9].

L'objectif de la formulation TFSF est de construire une source telle que l'excitation ne se propage que dans une direction, c'est-à-dire que la source introduit un champ incident qui se propage à droite (la direction x positive). Pour ce faire, la limite connue sous le nom de *limite* TFSF sera utilisée.

4.1.2. Principe de la limite TFSF

Dans une formulation TFSF, le domaine de calcul est divisé en deux régions: (1) la région de champ total qui contient le champ incident plus tout champ dispersé et (2) la région de champ dispersé qui ne contient que des champs dispersés. Le champ incident est introduit sur une limite fictive, entre les régions du champ total et du champ dispersé. L'emplacement de cette limite est quelque peu arbitraire, mais il est généralement placé de sorte que les diffuseurs soient contenus dans la région de champ total. Comme illustrée à la Fig.4.1, la source à l'emplacement $i = i_{src}$, est située à la droite de la limite TFSF [4].

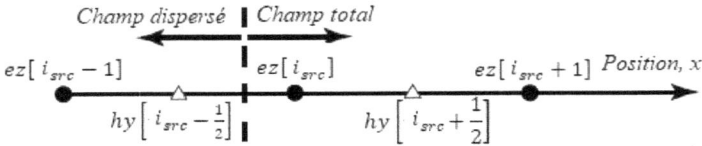

Figure 4.1 : Limite TFSF entre $E_z^{n+1}(i_{src})$ et $H_y^{n+\frac{1}{2}}\left(i_{src} - \frac{1}{2}\right)$ [4]

Lors de la mise à jour des champs, les équations de mise à jour doivent être cohérentes. Cela signifie que seuls des champs dispersés doivent être utilisés pour mettre à jour un nœud dans la région des champs dispersés et que seuls des champs totaux doivent être utilisés pour mettre à jour un nœud dans la région des champs totaux.

Peu importe l'emplacement de la limite TFSF, il n'y aura que deux nœuds qui lui sont adjacents, un nœud de champ électrique et un nœud de champ magnétique. En définissant la région de champ dispersé comme étant à gauche de la limite et la région de champ total comme étant à sa droite, le nœud $hy(i_{src} - \frac{1}{2})$ est le dernier nœud de la région de champ dispersé alors que $ez(i_{src})$ est le premier nœud dans la région de champ total.

Lors de la mise à jour des nœuds adjacents à la limite, un voisin d'un côté n'est pas du même type de champ que le champ en cours de mise à jour. Cela signifie qu'un nœud de champ total dépendra d'un nœud de champ dispersé et, inversement, d'un nœud de champ dispersé dépendra d'un nœud de champ total [4].

4.1.3. Mis à jour des champs à la limite TFSF

a. Mis à jour du champ électrique

Pour le cas 1D, l'équation de mise à jour du champ électrique à l'emplacement $i = i_{src}$ est donnée à l'Eq.4.2 [4][15].

$$\overbrace{E_z^{n+1}(i_{src})}^{total} = c_{ee} \overbrace{E_z^{n}(i_{src})}^{total} + c_{eh} \left(\overbrace{H_y^{n+\frac{1}{2}}\left(i_{src} + \frac{1}{2}\right)}^{total} - \overbrace{H_y^{n+\frac{1}{2}}\left(i_{src} - \frac{1}{2}\right)}^{dispersé} \right) \quad (4.2)$$

La limite TFSF est comprise entre $E_z^{n+1}(i_{src})$ et $H_y^{n+\frac{1}{2}}\left(i_{src} - \frac{1}{2}\right)$. Les étiquettes situées au-dessus des composants individuels indiquent si le champ se trouve dans la région du champ total ou dans la région du champ dispersé. $E_z^{n}(i_{src})$ et $H_y^{n+\frac{1}{2}}\left(i_{src} + \frac{1}{2}\right)$ sont des nœuds de champ total, alors que $H_y^{n+\frac{1}{2}}\left(i_{src} - \frac{1}{2}\right)$ est un nœud de champ dispersé.

Le champ incident est ajoutée à $H_y^{n+\frac{1}{2}}\left(i_{src} - \frac{1}{2}\right)$ dans l'Eq.4.2 pour avoir un champ total. Ce champ ajouté doit correspondre au champ magnétique existant à l'emplacement $i_{src} - \frac{1}{2}$ et au pas de temps $n + \frac{1}{2}$, qui est le champ magnétique incident à la limite TFSF (Eq.4.3). Ainsi, une équation de mise à jour cohérente pour $E_z^{n+1}(i_{src})$ est donnée à l'Eq.4.4.

$$H_{yinc}\left(i_{src} - \frac{1}{2}, n + \frac{1}{2}\right) = -\frac{1}{\eta} E_{zinc}\left(i_{src} - \frac{1}{2}, n + \frac{1}{2}\right) \tag{4.3}$$

$$\overbrace{E_z^{n+1}(i_{src})}^{total} = c_{ee} \overbrace{E_z^n(i_{src})}^{total} +$$

$$c_{eh}\left(\overbrace{H_y^{n+\frac{1}{2}}\left(i_{src} + \frac{1}{2}\right)}^{total} - \left[\overbrace{H_y^{n+\frac{1}{2}}\left(i_{src} - \frac{1}{2}\right)}^{dispersé} + \overbrace{\left(-\frac{1}{\eta} E_{zinc}\left(i_{src} - \frac{1}{2}, n + \frac{1}{2}\right)\right)}^{incident}\right]^{total\left(i_{src} - \frac{1}{2}\right)}\right)$$

$$\tag{4.4}$$

La somme des termes entre crochet donne le champ magnétique total pour $H_y^{n+\frac{1}{2}}\left(i_{src} - \frac{1}{2}\right)$, située à gauche de la limite TFSF. Le champ incident est ici supposé être connu. Il peut être calculé de manière analytique ou, lorsque la frontière TFSF implique plusieurs points (comme dans le cas de simulations 2D et 3D), il peut également être calculé avec une simulation de FDTD auxiliaire.

Au lieu de modifier l'équation de mise à jour, il est préférable de conserver l'équation de mise à jour standard, puis d'appliquer une correction dans une étape distincte. De cette façon, le champ au nœud $H_y^{n+\frac{1}{2}}\left(i_{src} - \frac{1}{2}\right)$ est mis à jour au cours d'un processus en deux étapes (Eq.4.5 puis Eq.4.6) [4].

$$E_z^{n+1}(i_{src}) = c_{ee} E_z^{n+1}(i_{src}) + c_{eh}\left(H_y^{n+\frac{1}{2}}\left(i_{src} + \frac{1}{2}\right) - H_y^{n+\frac{1}{2}}\left(i_{src} - \frac{1}{2}\right)\right) \tag{4.5}$$

$$E_z^{n+1}(i_{src}) = E_z^{n+1}(i_{src}) + c_{eh}\frac{1}{\eta} E_{zinc}\left(i_{src} - \frac{1}{2}, n + \frac{1}{2}\right) \tag{4.6}$$

L'équation 4.6 montre que le champ incident qui existait une demi-étape temporelle dans le passé et une demi-étape spatiale à gauche de $E_z^{n+1}(i_{src})$ est ajouté à ce nœud. Un champ se déplaçant vers la droite nécessite la moitié d'une étape temporelle pour parcourir la moitié d'une étape spatiale, en considérant l'Eq.4.7 pour le choix de la taille de l'étape temporelle.

$$\Delta t = \frac{\Delta x}{c_0} \qquad (4.7)$$

b. Mis à jour du champ magnétique

L'équation de mise à jour pour $H_y^{n+\frac{1}{2}}\left(i_{src} - \frac{1}{2}\right)$ est donnée par l'Eq.4.8 [4][15].

$$\overbrace{H_y^{n+\frac{1}{2}}\left(i_{src} - \frac{1}{2}\right)}^{dispercé} = c_{hh} \overbrace{H_y^{n-\frac{1}{2}}\left(i_{src} - \frac{1}{2}\right)}^{dispercé} + c_{he}\left(\overbrace{E_z^n(i_{src})}^{total} - \overbrace{E_z^n(i_{src} - 1)}^{dispercé}\right)$$

$$(4.8)$$

Comme ce fut le cas pour la mise à jour du champ électrique adjacent à la limite du TFSF, ce n'est pas une équation cohérente puisque les termes sont des quantités de champ dispersé sauf pour $E_z^n(i_{src})$ qui se trouve dans la région du champ total. Pour corriger cela, le champ incident pourrait être soustrait de $E_z^n(i_{src})$. Plutôt que de modifier l'Eq.4.8, la correction nécessaire serait apportée sous forme d'équation distincte (Eq.4.9).

$$H_y^{n+\frac{1}{2}}\left(i_{src} - \frac{1}{2}\right) = H_y^{n+\frac{1}{2}}\left(i_{src} - \frac{1}{2}\right) - c_{he}E_{zinc}(i_{src}, n) \qquad (4.9)$$

c. Equations de correction des champs

Rien ne nécessite d'affecter l'origine de la source à un nœud particulier de la grille. Il n'y a aucune raison pour associer l'emplacement $x = 0$ (origine de la grille) à l'extrémité gauche de la grille. Dans la formulation TFSF, il est généralement plus pratique de fixer l'origine par rapport à la limite TFSF lui-même. Que l'origine $x = 0$ corresponde au nœud $E_z(i_{src})$. Un tel déplacement nécessite que i_{src} soit soustrait des indices spatiaux donnés précédemment pour le champ incident [4]. Les équations de corrections deviennent alors Eq.4.10 pour le champ magnétique et Eq.4.11 pour le champ électrique [15].

$$H_y^{n+\frac{1}{2}}\left(i_{src} - \frac{1}{2}\right) = H_y^{n+\frac{1}{2}}\left(i_{src} - \frac{1}{2}\right) - c_{he}E_{zinc}(0, n) \tag{4.10}$$

$$E_z^{n+1}(i_{src}) = E_z^{n+1}(i_{src}) + \frac{c_{eh}}{\eta}E_{zinc}\left(-\frac{1}{2}, n + \frac{1}{2}\right) \tag{4.11}$$

4.1.4. Introduction de source par limite TFSF pour le calcul FDTD 1D

Pour mettre en place une limite de TFSF, il suffit de traduire l'Eq.4.10 et l'Eq.4.11 en déclarations nécessaires. L'algorithme est similaire à l'algorithme de calcul FDTD. Les seules différences sont la suppression de la source additive ou câblée et l'ajout des deux équations de correction. La source est définie par la fonction E_{zinc}, ayant comme argument le pas spatial et le pas temporel. Etant donné que l'onde incidente passe d'abord par le nœud $H_y(i_{src})$ puis par le nœud $E_z(i_{src})$, la correction du champ magnétique se fait avant la mise à jour du champ électrique.

L'algorithme FDTD avec une implémentation TFSF peut être résumé comme suit :

1. Correction de la valeur du champ magnétique à la limite TFSF
2. Mise à jour du champ électrique

3. Correction de la valeur du champ électrique à la limite TFSF

4. Mis à jour du champ magnétique

5. Répéter les quatre étapes jusqu'à ce que les champs soient obtenus sur la durée souhaitée.

L'initialisation d'un programme mettant en œuvre l'implémentation TFSF ($i_{src} = 30$) au sein d'une grille FDTD 1D terminée par des couches de pertes appariées au milieu est donnée aux lignes de code suivantes :

```
% -------------------------------------------------
% Définition des constantes
% -------------------------------------------------
eps_0 = 1/(pi*36e9); mu_0 = 4*pi*1e-7;c0 = 1/sqrt(eps_0*mu_0);
% Définition de la grille et temps de simulation max
% -------------------------------------------------
nb_cel = 100; t_max = 400 ;
% Initialisations des champs et coefficients à 0
% -------------------------------------------------
cee = zeros(1,nb_cel); ceh = zeros(1,nb_cel);
chh = zeros(1,nb_cel); che = zeros(1,nb_cel);
ez = zeros(1,nb_cel); hy = zeros(1,nb_cel);
ezo = zeros(nb_cel,t_max); hyo = zeros(nb_cel,t_max);
% Définitions tailles des cellules et pas de temps
% -------------------------------------------------
freq_max = 500e6; eps_freq = 4; lambda = (c0/sqrt(eps_freq))/freq_max;
n_freq = 10; dx = lambda /n_freq ; dt = dx /c0 ;
Sc = (c0 * dt) / dx; imp = sqrt(mu_0 / eps_0);
% Définition paramètres de simulation
% -------------------------------------------------
i_src = 30 ; n_perte = 15 ; eps_r = ones (1,nb_cel);
mu_r = ones (1,nb_cel); eps = eps_0 * eps_r; mu = mu_0 * mu_r;
```

```
% Assignation ABC couches de pertes
% --------------------------------
pe = zeros(1,nb_cel) ;
for i = 1 : n_perte
    pe(n_perte - i + 1) = (1/3)*(i/n_perte)^3;
    pe(nb_cel - n_perte + i) = (1/3)*(i/n_perte)^3;
end
pm = pe ;
% Coefficients pour la grille 1D
% ---------------------------------------------
    for i = 1 : nb_cel
        % coefficients de maj du champ électrique
        cee(i) = (1 - pe(i))/(1 + pe(i));
        ceh(i) = dt / ((1 + pe(i)) * eps(i) * dx);
        % coefficients de maj du champ magnétique
        chh(i) = (1 - pm(i))/(1 + pm(i));
        che(i) = dt / ((1 + pm(i)) * mu(i) * dx);
    end
```

La boucle temporelle du programme, utilisant la fonction « *ezsrc* » pour le calcul de E_{zinc} (Définie au paragraphe suivant) dans les corrections des champs, est donnée aux lignes de code suivantes :

```
% Boucle FDTD principale
% ---------------------------------------------
for t = 0 : 1 : t_max-1
    % Correction du champ magnétique
    hy(i_src-1) = hy(i_src-1)...
        - che(i_src) * ezsrc(0,t,freq_max,n_freq,Sc,dt);
    % Mise à jour du champ électrique Ez
    for i = 2 : nb_cel
        ez(i) = (cee(i) * ez(i)) + (ceh(i) *(hy(i)- hy(i-1)));
    end
    % Correction du champ électrique
    ez(i_src) = ez (i_src)...
        + (ceh(i_src)/imp) * ezsrc(-0.5,t+0.5,freq_max,n_freq,Sc,dt);
    % Mise à jour du champ magnétique Hy
    for i = 1 : nb_cel - 1
        hy(i) = (chh(i) * hy(i)) + che(i) * (ez(i + 1)- ez(i));
    end
    % Sauvegarde des champs à chaque pas de temps
    ezo(:,t+1)= ez;
    hyo(:,t+1)= hy;
end
```

4.2. Les fonctions sources

Afin d'implémenter la fonction source (E_{zinc}), au sein d'une limite TFSF, il faut spécifier ses arguments. Ainsi le champ incident doit être explicité en fonction des pas de l'espace et du temps [4].

4.2.1. Impulsion Gaussienne

a. Discrétisation d'une Gaussienne

L'expression d'une impulsion Gaussienne, dans le monde discrétisé par FDTD, a déjà été vue auparavant et réécrite à l'Eq.4.12.

$$g(n) = e^{-\left(\frac{n-d_g}{w_g}\right)^2} \tag{4.12}$$

où d_g est le paramètre de retard temporel (d étant le retard temporel dans le monde continu) et w_g est le paramètre de largeur d'impulsion (w définissant la largeur d'impulsion dans le monde continu) qui sont définis à l'Eq.4.13.

La gaussienne a sa valeur maximale à $d_g = n$ (lorsque l'exposant est égal à zéro) et a une valeur de e^{-1} lorsque $n = d_g \pm w_g$.

$$d = d_g . \Delta t \text{ et } w = w_g . \Delta t \tag{4.13}$$

b. Gaussienne se déplaçant dans le sens des x positives

Pour le champ incident en propagation, t est remplacé par $t - x/c$. Dans l'espace-temps discrétisé, cet argument est donné par l'Eq.4.14.

$$t - \frac{x}{c} = n\Delta_t - \frac{i.\Delta_x}{c} = \left(n - \frac{i}{S_c}\right)\Delta_t \tag{4.14}$$

83

Cette expression peut être utilisée pour l'argument de la fonction source gaussienne pour obtenir l'onde incidente E_{zinc} (Eq.4.15).

$$E_{zinc}(i, n) = exp\left[-\left(\frac{\left(n-\frac{i}{S_c}\right)-d_g}{w_g}\right)^2\right]$$

(4.15)

La figure 4.2 illustre l'implémentation TFSF avec comme fonction source une gaussienne se déplaçant dans le vide. La fréquence de la source est définie à $500\ MHz$. La limite TFSF est placée entre les nœuds $H_y(29)$ et $E_z(30)$, soit avec $i_{src} = 30$. L'onde se propage dans la direction des x positives uniquement.

Bien qu'une implémentation TFSF soit considérée comme une utilisation de source douce, l'amplitude maximum de l'onde est de 1. Ceci est dû au fait qu'il n'y a pas de champ dispersé dans la direction de propagation ainsi l'amplitude de l'onde n'est pas divisée comme dans le cas d'utilisation de source douce simple.

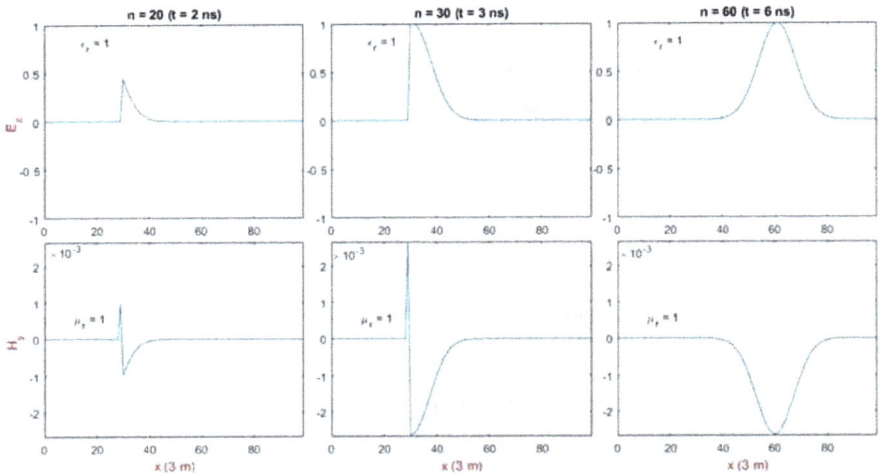

Figure 4.2 : Instantanés d'une onde EM avec introduction d'une impulsion gaussienne par limite TFSF entre les nœuds $H_y(29)$ et $E_z(30)$

4.2.2. Sources harmoniques

a. Discrétisation d'une fonction source harmonique

Une source harmonique peut être définie comme à l'Eq.4.16. Pour une onde plane se propageant dans un milieu, la longueur d'onde λ et la fréquence f sont liées par l'Eq.4.17. Ainsi, l'argument ωt (c'est-à-dire $2\pi f t$) peut être écrit comme à l'Eq.4.18 [4][10].

$$f_h(t) = sin(\omega t) \tag{4.16}$$

$$f\lambda = c \implies f = \frac{c}{\lambda} \tag{4.17}$$

$$\omega t = \frac{2\pi c}{\lambda} t \tag{4.18}$$

Pour une fréquence donnée, la longueur d'onde est une longueur fixe. S'agissant d'une longueur, elle peut être exprimée en termes de pas spatial (Eq.4.19), où N_λ est le nombre de points par longueur d'onde.

$$\lambda = N_\lambda \Delta_x \tag{4.19}$$

En liant la fréquence à la longueur d'onde et la longueur d'onde à N_λ, la version discrétisée de la fonction harmonique peut être définie à l'Eq.4.20.

$$f_h(n) = sin\left(\frac{2\pi c}{N_\lambda \Delta_x} n\Delta_t\right) = sin\left(\frac{2\pi}{N_\lambda} S_c n\right) \tag{4.20}$$

b. Fonction source harmonique se déplaçant dans la direction x positive

Une onde harmonique se déplaçant dans la direction x positive est donnée par l'Eq.4.21.

$$f_h(x,t) = sin(\omega t - kx) = sin\left(\omega\left(t - \frac{k}{\omega}x\right)\right) \qquad (4.21)$$

avec $k = \omega/c$, l'argument peut s'écrire comme à l'Eq.22.

$$\omega\left(t - \frac{k}{\omega}x\right) = \omega\left(t - \frac{x}{c}\right) \qquad (4.22)$$

L'expression de toutes les quantités de l'Eq.4.22 en termes de valeurs discrètes appartenant à une grille FDTD donne l'Eq.23.

$$\omega\left(t - \frac{x}{c}\right) = \frac{2\pi c}{N_\lambda.\Delta x}\left(n\Delta t - \frac{i\Delta x}{c}\right) = \frac{2\pi}{N_\lambda}(S_c n - i) \qquad (4.23)$$

Par conséquent, la forme discrétisée de l'Eq.21 est donnée par l'Eq.24 [4].

$$f_h(i,n) = sin\left(\frac{2\pi}{N_\lambda}(S_c n - i)\right) \qquad (4.24)$$

La figure 4.3 illustre la propagation d'une onde EM avec une source sinusoïdale introduite par formulation TFSF. Comme $N_\lambda = 10$, à chaque période ($T = N_\lambda.\Delta t$) l'onde parcours 10 nœuds de la grille. Tout comme pour le cas de l'utilisation d'une gaussienne comme source, l'onde sinusoïdale ne se propage que vers la droite de la source (dans la direction des x positifs).

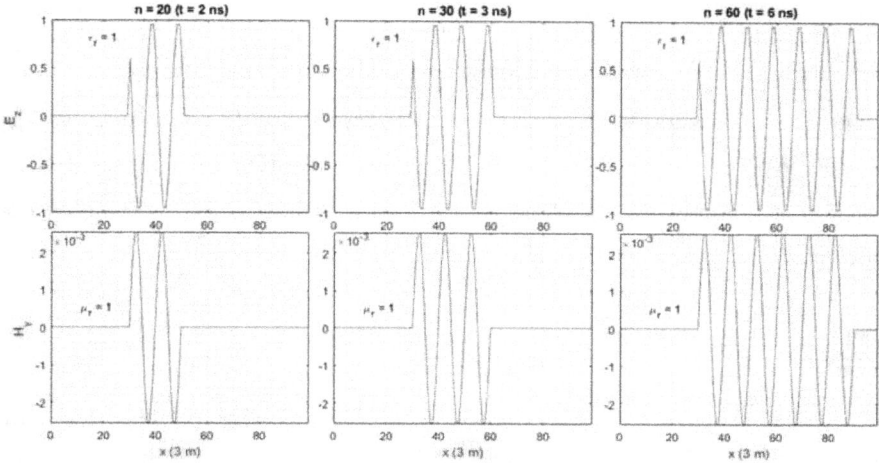

Figure 4.3 : Instantanés d'une onde EM avec introduction d'une source sinusoïdale par limite TFSF entre les nœuds $H_y(29)$ et $E_z(30)$

4.2.3. Ondelette de Ricker

a. Discrétisation d'une ondelette de Ricker

L'ondelette de Ricker est équivalente à la dérivée seconde d'une gaussienne. Elle est définie à l'Eq.4.25, où f_p est la «fréquence de crête» et d est le retard temporel [4].

$$f_r(t) = \left(1 - 2\{\pi f_p[t - d]\}^2 exp\left(-\{\pi f_p[t - d]\}^2\right)\right) \qquad (4.25)$$

La fréquence de crête est la fréquence avec le plus grand contenu spectral. Le délai d peut être réglé sur n'importe quelle quantité souhaitée, mais il est commode de l'exprimer sous la forme d'un multiple de $1/f_p$, définie à l'Eq.26, où M_d est le multiple du retard (qui n'est pas nécessairement un entier).

$$d = M_d \frac{1}{f_p} \qquad (4.26)$$

87

La fréquence de crête f_P a une longueur d'onde correspondante λ_P. Cette longueur d'onde peut être exprimée en termes de pas spatial tel que $\lambda_P = N_p \Delta_x$, où N_p est nombre de points par longueur d'onde à la fréquence de crête (Eq.4.27). Le pas spatial, fonction du nombre de Courant, est exprimé par l'Eq.4.28. Ainsi le délai d est obtenu à l'Eq.4.29.

$$f_p = \frac{c}{\lambda_p} = \frac{S_c}{N_p \Delta_t} \tag{4.27}$$

$$\Delta_x = \frac{c \Delta_t}{S_C} \tag{4.28}$$

$$d = M_d \frac{1}{\frac{c}{N_p \Delta_x}} = M_d \frac{N_p \Delta_t}{S_c} \tag{4.29}$$

En prenant le temps t étant $n\Delta_t$ et exprimant f_P et d comme dans l'Eq.4.27 et l'Eq.4.29, la forme discrète de l'Eq.4.25 peut s'écrire comme à l'Eq.30.

$$f_r(n) = \left(1 - 2\pi^2 \left[\frac{S_c n}{N_p} - M_d\right]^2\right) exp\left(-\pi^2 \left[\frac{S_c n}{N_p} - M_d\right]^2\right) \tag{4.30}$$

b. Ondelette de Ricker se déplaçant dans le sens des x positives

L'équation 4.30 donne l'ondelette de Ricker en fonction du temps seul. Afin de paramétrer un champ incident, il est nécessaire de le faire dans le temps et dans l'espace. Par conséquent, une ondelette de Ricker itinérante dans la direction des x positives peut être construite en remplaçant l'argument t dans l'Eq.25 par $t - \frac{x}{c}$, ce qui donne l'Eq.4.31.

$$f_r\left(t - \frac{x}{c}\right) = \left(1 - 2\pi^2 f_p^2 \left[t - \frac{x}{c} - d_r\right]^2\right) exp\left(-\pi^2 f_p^2 \left[t - \frac{x}{c} - d_r\right]^2\right) \tag{4.31}$$

Comme précédemment, l'Eq.4.27 et l'Eq.4.29 peuvent être utilisées pour réécrire d et f_p. En remplaçant t par $n\Delta_t$, et x par $i\Delta_x$, la fonction décrivant l'onde incidente est obtenue à l'Eq.4.32 [4].

$$f_r(i,n) = \left(1 - 2\pi^2 \left[\frac{S_c n - i}{N_p} - M_d\right]^2\right) exp\left(-\pi^2 \left[\frac{S_c n - i}{N_p} - M_d\right]^2\right) \qquad (4.32)$$

La figure 4.4 illustre la propagation du champ E_z, avec comme source une ondelette de Ricker introduite par formulation TFSF.

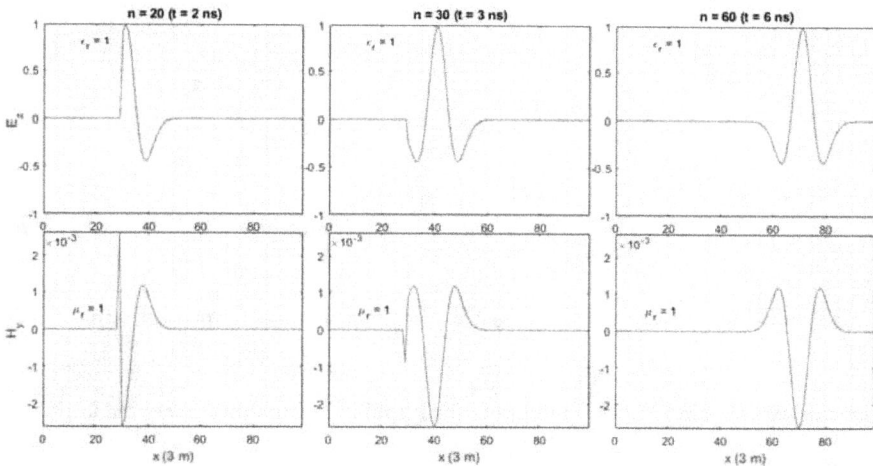

Figure 4.4 : Instantanés d'une onde EM avec introduction d'une ondelette de Ricker par limite TFSF entre les nœuds $H_y(29)$ et $E_z(30)$

4.2.4. Impulsion gaussienne modulée

a. Discrétisation d'une impulsion gaussienne modulée

Un paquet d'ondes est constitué par la superposition d'ondes de longueurs d'onde différentes. Une source gaussienne modulée, définie à l'Eq.4.31, peut être perçue comme une source de paquet d'onde. Ceci car une gaussienne modulé est la superposition d'une impulsion gaussienne avec une source harmonique [15].

$$f_{gm}(t) = sin(2.\pi.f.t).e^{-\left(\frac{t-d}{w}\right)^2}$$ (4.31)

Le retard ainsi que la largeur de l'impulsion sont ici définis comme étant des multiples de la période de la fonction sinusoïdale (Eq.4.32). La forme discrétisée de la source gaussienne modulée est donnée à l'Eq.4.33.

$$d = d_f.T = d_f.N_\lambda.\Delta t \text{ et } w = w_f.N_\lambda.\Delta t$$ (4.32)

$$f_{gm}(n) = sin\left(\frac{2\pi}{N_\lambda}S_c n\right).exp\left(-\left(\frac{n-d_f.N_\lambda}{w_f.N_\lambda}\right)^2\right)$$ (4.33)

b. Fonction source Gaussienne modulée se déplaçant dans la direction x positive

Une impulsion gaussienne modulée étant la superposition d'une onde sinusoïdale et d'une impulsion gaussienne, l'Eq.4.34 défini sa fonction avec comme argument, le temps et l'espace. Le retard et la largeur de l'impulsion sont définis comme à l'Eq.4.32. L'équation 4.34 défini un paquet d'onde se déplaçant dans la direction x positive [15].

$$f_{gm}(i,n) = sin\left(\frac{2\pi}{N_\lambda}(S_c n - i)\right) \times exp\left[-\left(\frac{\left(n-\frac{i}{S_c}\right)-N_\lambda d_f}{N_\lambda w_f}\right)^2\right]$$ (4.34)

La figure 4.5 illustre la propagation du champ E_z, avec une source gaussienne modulée introduite par formulation TFSF. Pour $d_f = 2$ et $w_f = 1$, la longueur d'onde de l'impulsion est quatre fois plus grande que celle de la sinusoïde.

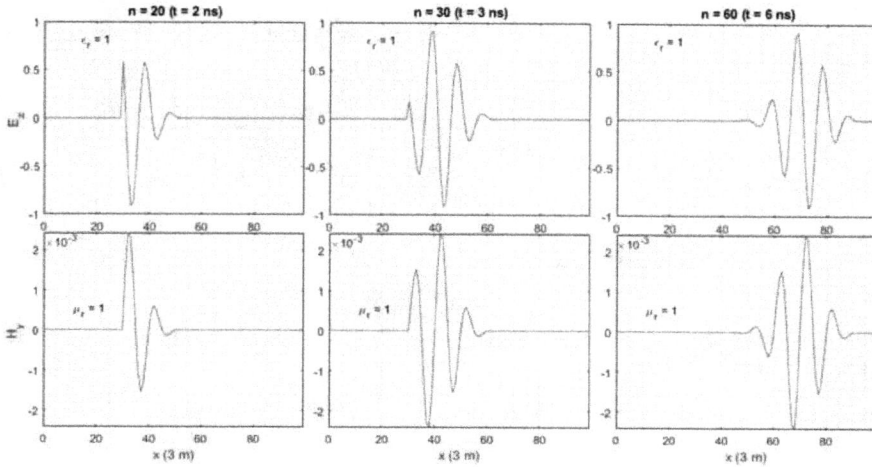

Figure 4.5 : Instantanés d'une onde EM avec introduction d'une gaussienne
modulée par limite TFSF entre les nœuds $H_y(29)$ et $E_z(30)$

4.2.5. Lignes de code

Les fonctions sources sont implémentées au sein d'une fonction Matlab « *ezsrc* »
qui sera utilisable pour toutes les simulations impliquant le calcul d'onde incidente. La
fonction « *ezsrc* » est décrite par les lignes de code suivantes :

```
function S = ezsrc(i,t,freq_max,nlambda,Sc,delta_t)
 eps_0 = 1/(pi*36e9); mu_0 = 4*pi*1e-7;c = 1/sqrt(eps_0*mu_0);
 % Source Impulsion Gaussienne
 % ---------------------------
 dg = 30; wg = 10;
 arg_t = t - (i / Sc);
 arg_e = (arg_t - dg) / wg;
 S = exp(-(arg_e)^2);
 % Source Harmonique
 % ---------------------
 S = sin((2*pi/nlambda)*((Sc*t) - i));
 % Source Ricker
 % --------------
 md = 2; np = Sc / (freq_max * delta_t);
 arg_t = (Sc * t) - i;
 temp = (pi * ((arg_t/np) - md))^2;
 S = (1 - (2 * temp)) * exp (- temp);
 % Gaussienne modulée
 % ---------------------
 mod = 1; df = 2; wf = 1;
 a = ((t - (i/Sc)) - df*nlambda)/(wf*nlambda);
 b = (mod *2*pi/nlambda)*((Sc * t) - i);
 c = exp(-a^2);
 S = sin(b)*c;
```

4.3. Formulation TFSF en 2D

4.3.1. Formulation TFSF pour le mode TM

En deux dimensions, la grille est divisée en une région TF et une région SF et la limite entre les deux régions n'est plus un point. La figure 4.6 illustre une grille TM avec une limite rectangulaire de TFSF. La région TF est incluse dans la limite TFSF et la région SF est une partie du réseau située en dehors de cette limite. La région TF est définie par les indices, (i_d, j_d) et (i_f, j_f), du «premier» et du «dernier» nœuds de champs électriques qui se trouvent dans la région TF [4]. Il y a deux axes de propagation possibles dans cette construction, l'axe des x et l'axe des y. Pour la suite, la propagation de l'onde est considérée comme suivant l'axe des x.

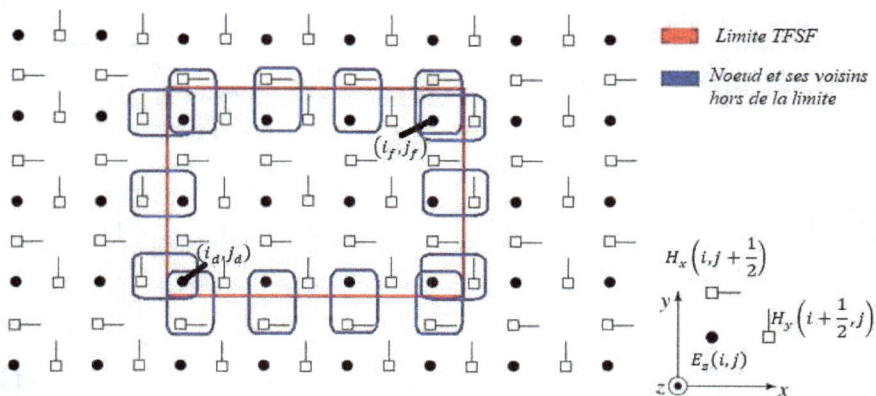

Figure 4.6 : Délimitation d'une limite TFSF dans une grille 2D en mode TM [4]

4.3.2. Corrections apportées pour une propagation le long de l'axe des x

Dans la Fig.4.6, les champs électriques adjacents à la limite TFSF se trouvent toujours dans la région TF. Ces nœuds ont au moins un nœud de champ magnétique voisin situé dans la région SF. Ainsi, la correction nécessaire impliquerait l'addition du champ incident aux champs magnétiques voisins de l'autre côté de la limite du TFSF. Les équations 4.25, permettent de définir les corrections nécessaires à ces champs électriques. Ces champs concernent les nœuds électriques adjacents à la limite gauche (Eq.4.25.c) et ainsi que ceux adjacents à la limite droite (Eq.4.25.e). Les nœuds adjacents aux bords inférieur et supérieur de la limite n'ont pas besoins de correction, vu qu'il n'y a pas de champs H_x incidents à la limite TFSF [6][16].

$$j \in [j_d, j_f] \qquad (4.25.a)$$

$$\overbrace{E_z^{n+1}(i_d,j)}^{Total} = c_{ezez}\overbrace{E_z^n(i_d,j)}^{Total} + c_{ezhy}\left\{\overbrace{H_y^{n+\frac{1}{2}}\left(i_d+\frac{1}{2},j\right)}^{Total} - \overbrace{H_y^{n+\frac{1}{2}}\left(i_d-\frac{1}{2},j\right)}^{Dispersé}\right\}$$

$$+c_{ezhx}\left\{\overbrace{H_x^{n+\frac{1}{2}}\left(i_d,j+\frac{1}{2}\right)}^{Total} - \overbrace{H_x^{n+\frac{1}{2}}\left(i_d,j-\frac{1}{2}\right)}^{Dispersé}\right\} \qquad (4.25.\text{b})$$

$$E_z^{n+1}(i_d,j) = E_z^n(i_d,j) - c_{ezhy}H_{yinc}^{n+\frac{1}{2}}\left(i_d-\frac{1}{2}\right) \qquad (4.25\text{c})$$

$$\overbrace{E_z^{n+1}(i_f,j)}^{Total} = c_{ezez}\overbrace{E_z^n(i_f,j)}^{Total} + c_{ezhy}\left\{\overbrace{H_y^{n+\frac{1}{2}}\left(i_f+\frac{1}{2},j\right)}^{Dispersé} - \overbrace{H_y^{n+\frac{1}{2}}\left(i_f-\frac{1}{2},j\right)}^{Total}\right\}$$

$$+c_{ezhx}\left\{\overbrace{H_x^{n+\frac{1}{2}}\left(i_f,j+\frac{1}{2}\right)}^{Dispersé} - \overbrace{H_x^{n+\frac{1}{2}}\left(i_f,j-\frac{1}{2}\right)}^{Total}\right\} \qquad (4.25.\text{d})$$

$$E_z^{n+1}(i_f,j) = E_z^n(i_f,j) + c_{ezhy}H_{yinc}^{n+\frac{1}{2}}\left(i_f+\frac{1}{2}\right) \qquad (4.25.\text{e})$$

Inversement, les nœuds de champ magnétique tangentiels à la limite TFSF sont toujours dans la région SF. Ces nœuds ont un nœud de champ électrique voisin qui se trouve dans la région TF. Ainsi, la correction nécessaire sur ces nœuds impliquerait de soustraire le champ incident du nœud de champ électrique situé de l'autre côté de la limite TFSF. Les équations 4.26, définissent les corrections à apporter aux équations de mis à jour pour les champs H_x adjacents aux bords inférieur (Eq.4.26.c) et supérieur (Eq.4.26.e) de la limite.

$$i \in \left[i_d, i_f\right] \qquad (4.26.\text{a})$$

$$\overbrace{H_x^{n+\frac{1}{2}}\left(i, j_d - \frac{1}{2}\right)}^{Dispers\acute{e}} = c_{hxhx} \overbrace{H_x^{n-\frac{1}{2}}\left(i, j_d - \frac{1}{2}\right)}^{Dispers\acute{e}} + c_{hxez}\left(\overbrace{E_z^n(i, j_d + 1)}^{Total} - \overbrace{E_z^n(i, j_d)}^{Dispers\acute{e}}\right)$$

$$(4.26.b)$$

$$H_x^{n+\frac{1}{2}}\left(i, j_d - \frac{1}{2}\right) = H_x^{n+\frac{1}{2}}\left(i, j_d - \frac{1}{2}\right) - c_{hxez}E_{zinc}^n(i) \qquad (4.26.c)$$

$$\overbrace{H_x^{n+\frac{1}{2}}\left(i, j_f + \frac{1}{2}\right)}^{Dispers\acute{e}} = c_{hxhx} \overbrace{H_x^{n-\frac{1}{2}}\left(i, j_f + \frac{1}{2}\right)}^{Dispers\acute{e}} + c_{hxez}\left(\overbrace{E_z^n(i, j_f + 1)}^{Dispers\acute{e}} - \overbrace{E_z^n(i, j_f)}^{Total}\right)$$

$$(4.26.d)$$

$$H_x^{n+\frac{1}{2}}\left(i, j_f + \frac{1}{2}\right) = H_x^{n+\frac{1}{2}}\left(i, j_f + \frac{1}{2}\right) + c_{hxez}E_{zinc}^n(i) \qquad (4.26.e)$$

Les équations 4.27, définissent les corrections à apporter aux équations de mis à jour pour les champs H_y adjacents aux bords gauche (Eq.4.27.c) et droite (Eq.4.27.e) de la limite TFSF.

$$j \in \left[j_d, j_f\right] \qquad (4.27.a)$$

$$\overbrace{H_y^{n+\frac{1}{2}}\left(i_d - \frac{1}{2}, j\right)}^{Dispers\acute{e}} = c_{hyhy} \overbrace{H_y^{n-\frac{1}{2}}\left(i_d - \frac{1}{2}, j\right)}^{Dispers\acute{e}} + c_{hyez}\left(\overbrace{E_z^n(i_d, j)}^{Total} - \overbrace{E_z^n(i_d - 1, j)}^{Dispers\acute{e}}\right)$$

$$(4.27.b)$$

$$H_y^{n+\frac{1}{2}}\left(i_d - \frac{1}{2}, j\right) = H_y^{n-\frac{1}{2}}\left(i_d - \frac{1}{2}, j\right) - c_{hyez}E_{zinc}^n(i_d)$$

$$(4.27.c)$$

$$\overbrace{H_y^{n+\frac{1}{2}}\left(i_f + \frac{1}{2}, j\right)}^{Dispers\acute{e}} = c_{hyhy} \overbrace{H_y^{n-\frac{1}{2}}\left(i_f + \frac{1}{2}, j\right)}^{Dispers\acute{e}} + c_{hyez}\left(\overbrace{E_z^n(i_f + 1, j)}^{Dispers\acute{e}} - \overbrace{E_z^n(i_f, j)}^{Total}\right)$$

$$(4.27.d)$$

$$H_y^{n+\frac{1}{2}}\left(i_f + \frac{1}{2}, j\right) = H_y^{n-\frac{1}{2}}\left(i_f + \frac{1}{2}, j\right) + c_{hyez}E_{zinc}^n(i_f)$$ (4.27.e)

4.3.3. Calcul des champs incidents

Pour implémenter une limite TFSF, il est nécessaire de connaître le champ incident sur chaque nœud ayant un voisin de l'autre côté de la limite TFSF. Le champ d'incident doit être connu à tous ces points et pour chaque pas de temps. Des expressions analytiques ont été utilisées pour le champ incident en 1D, c'est-à-dire les expressions décrivant la propagation du champ incident dans le monde continu. Ces expressions de monde continu impliquent généralement une fonction transcendantale (telle qu'une fonction trigonométrique ou une exponentielle). Le calcul de ces fonctions est assez coûteux en calcul, du moins par rapport à quelques calculs algébriques simples. Si les fonctions transcendantales doivent être calculées à différents moments pour chaque pas de temps, cela peut imposer un coût de calcul important. A condition que la direction de la propagation du champ incident coïncide avec l'un des axes de la grille, il existe un moyen de faire en sorte que le champ incident corresponde exactement à la manière dont le champ incident se propage dans la grille FDTD à deux dimensions [6].

L'astuce pour calculer le champ incident consiste à effectuer une simulation FDTD auxiliaire unidimensionnelle qui calcule le champ incident. Cette simulation auxiliaire utilise les mêmes paramètres de matériau que ceux de la grille bidimensionnelle, mais elle est par ailleurs complètement séparée de la grille bidimensionnelle. La grille unidimensionnelle est simplement utilisée pour trouver les champs incidents nécessaires à la mise en œuvre de la limite TFSF. Chaque nœud E_z et H_y de la grille 1D peut être considéré comme fournissant respectivement E_{zinc} et H_{yinc}, au moment approprié dans l'espace-temps.

La figure 4.7 illustre la grille auxiliaire 1D ainsi que la grille 2D. La base des flèches verticales pointant de la grille 1D vers la grille 2D indique les nœuds de la grille 1D à partir desquels les nœuds de la grille 2D obtiennent le champ incident (seuls les nœuds de la grille 2D adjacents à la limite du TFSF nécessitent la connaissance du domaine de l'incident) [4].

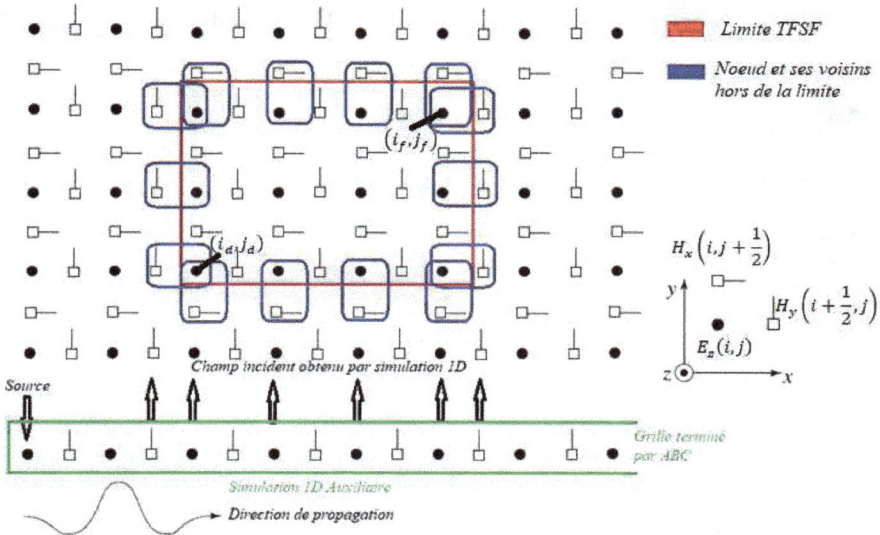

Figure 4.7 : Introduction des champs incidents à une limite TFSF dans une grille 2D en mode TM [4]

4.3.4. Simulation d'une onde plane se propageant le long de l'axe des x

La source de l'onde est définie comme étant un paquet d'onde généré par une impulsion Gaussienne modulée, avec $N_\lambda = 20$. La dimension de la grille est de 200×100, et elle est terminée par des couches absorbantes de taille 15 *cellules*. Les nœuds de champs électriques définissant la limite TFSF (rectangle blanc dans la Fig.4.8) sont adjacents aux nœuds des couches d'absorption [16].

97

La figure 4.8 montre les instantanés de la propagation du paquet d'onde au sein de la grille FDTD 2D. L'onde parcours la surface de champ total jusqu'à être absorbée dans la couche de perte à la fin de la grille. Il n'y a aucune propagation le long de l'axe des y, mais uniquement le long de l'axe des x. Les lignes de code correspondant à l'insertion de limites TFSF dans un programme FDTD 2D sont :

```
% Paramètre de la TFSF
% ----------------------------------------------------------------------
% Définitions des limites
ide = n_perte+1; ifi = nx - ide + 1; jde = n_perte+1; jfi = ny - jde +1;
% Initialisation grille 1D
ezinc = zeros(1,nx); hyinc = zeros(1,nx);
ezinco = zeros(nx,t_max); hyinco = zeros(nx,t_max);
% Calcul des coefficients 1D
cee = ceze(:,jde); ceh = cezhy(:,jde);
chh = chyhy(:,jde); che = chyez(:,jde);

% Boucle de mis à jour des champs
% -----------------------------
for t = 0 : 1 : t_max-1
    % Calcul de la source d'onde plane
    % --------------------------------
    % Mis à jour du champ magnétique 1D
    for i = 1 : nx -1
        hyinc(i) = chh(i) * hyinc(i) + che(i) * (ezinc(i + 1) - ezinc(i));
    end
    % Mis à jour du champ électrique 1D
     for i = 2 : nx
        ezinc(i) = cee(i) * ezinc(i) + ceh(i) * (hyinc(i) - hyinc(i - 1));
     end
     % Définition de la source Gaussiene modulée
        i_source = n_perte;
        ezinc(i_source)=  ezsrc(0,t,freq_max,nlambda,Sc,dt);
    % Mis à jour du champ électrique
    % ********************************
    for j = 2 : ny
        for i = 2 : nx
            ez(i,j) = (ceze(i,j)*ez(i,j)) ...
                + (cezhy(i,j)*(hy(i,j)-hy(i-1,j)))...
                + (cezhx(i,j)*(hx(i,j)-hx(i,j-1)));
        end
    end
```

```
% Corection de Ez
% --------------------
for j = jde : jfi
  ez(ide,j) = ceze(ide,j) * ez(ide,j) - cezhy(ide,j) * hyinc(ide - 1);
  ez(ifi,j) = ceze(ifi,j) * ez(ifi,j) + cezhy(ifi,j) * hyinc(ifi);
end
% Mis à jour du champ magnétique
% ----------------------------
% Calcul des champ Hx et Hy
for j = 1 : ny-1
    for i = 1 : nx -1
hx(i,j) = (chxhx(i,j)*hx(i,j)) + (chxez(i,j)*(ez(i,j+1) - ez(i, j)));
hy(i,j) = (chyhy(i,j)* hy(i,j)) + (chyez(i,j)*(ez(i+1,j) - ez(i,j)));
    end
end
% Correction des composantes Hx et Hy
% ------------------------------------
for i = ide : ifi
hx(i,jde-1) = chxhx(i,jde-1) * hx(i,jde-1) - chxez(i,jde-1) * ezinc(i);
hx(i,jfi)   = chxhx(i,jfi)   * hx(i,jfi)   + chxez(i,jfi)   * ezinc(i);
end
for j = jde : jfi
hy(ide-1,j) = chyhy(ide-1,j) * hy(ide-1,j) - chyez(ide-1,j) * ezinc(ide);
hy(ifi,j)   = chyhy(ifi,j)   * hy(ifi,j)   + chyez(ifi,j)   * ezinc(ifi);
   end

   % Sauvegarde des champs à chaque pas de temps
   % --------------------------------------------
   ezo(:,:,t+1) = transpose(ez(:,:));
end
```

4.4. Conclusion

L'implémentation TFSF permet d'introduire une source de manière douce au sein d'une grille FDTD. La source introduite de cette manière peut être définie comme parcourant la grille dans une seule direction. Pour le cas 2D, la limite TFSF permet de simuler la propagation d'une onde plane au sein de la grille.

Durant les simulations faites dans ce chapitre, les grilles sont terminées par des couches absorbantes. Ces simulations ont montrées que peu importe la manière dont la source est introduite au sein de la grille, les ABC n'absorbent que les ondes incidentes aux limites.

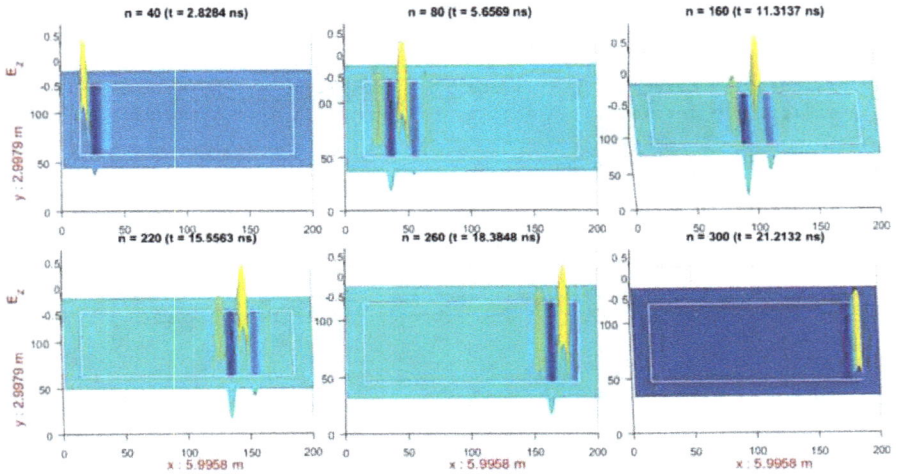

Figure 4.8 : Instantanés du champ E_z pour une onde plane constituée d'une impulsion gaussienne modulée dans une grille 2D en mode TM.

Chapitre 5 :

FORMULATION DB-FDTD

Afin d'implémenter un milieu complexe ainsi qu'une terminaison formée de couches de perte au sein d'une grille FDTD, il faut porter beaucoup d'attention au fait de différencier les paramètres de terminaisons de grille (qui sont virtuels) des paramètres du milieu. La formulation DB-FDTD, utilisant la densité de flux électrique et la densité de flux magnétique dans les équations de Maxwell permet de différencier les paramétrages du milieu des paramétrages de la terminaison de la grille FDTD. La formulation DB-FDTD est aussi une technique facilitant la mise en œuvre de simulations de milieux dispersifs [6].

5.1. Reformulation à l'aide de la densité de flux

Une forme plus générale des équations de Maxwell utilise la densité de flux électrique (D) et la densité de flux magnétique (B) en plus des champs électrique et magnétique. Cette forme générale, présentée aux Eq.5.1, introduit les équations matérielles liant les densités de flux et les champs électrique et magnétique dans le domaine fréquentiel (Eq.5.1.b et Eq.5.2.d) [17]. Les conductivités (σ_{ep} et σ_{mp}) sont des paramètres fictives permettant la mise en œuvre de la terminaison de grille par couche absorbante [18].

$$\nabla \times \vec{H} = \frac{\partial \vec{D}}{\partial t} + \frac{\sigma_{ep}}{\varepsilon} \vec{D} \qquad (Loi\ d'ampère) \qquad (5.1.a)$$

$$\widehat{D}(\omega) = \hat{\varepsilon}(\omega).\widehat{E}(\omega) \qquad (Equation\ matétielle\ électrique) \qquad (5.1.b)$$

$$\nabla \times \vec{E} = -\frac{\partial \vec{B}}{\partial t} - \frac{\sigma_{mp}}{\mu} \vec{B} \qquad (Loi\ de\ Faraday) \qquad (5.1.c)$$

$$\widehat{B}(\omega) = \hat{\mu}(\omega).\widehat{H}(\omega) \qquad (Equation\ matétielle\ magnétique) \qquad (5.1.b)$$

5.1.1. Equations de mise à jour des densités de flux électrique et magnétique

Les équations d'Ampère (Eq.5.1.a) et de Faraday (Eq.5.1.c), conduisent aux formulations aux différences finies de la densité de flux électrique et du champ magnétique. Ces formulations conduisent aux équations de mise à jour de la densité de flux (Eq.5.2) et de celles de la densité de flux magnétique (Eq.5.3) [17].

$$D_x^{n+1}(i,j,k) = C_{dd}(i,j,k)D_x^n(i,j,k)$$

$$+C_{dh}(i,j,k)\left\{\left(\frac{H_z^{n+\frac{1}{2}}(i,j,k)-H_z^{n+\frac{1}{2}}(i,j-1,k)}{\Delta y}\right) - \left(\frac{H_y^{n+\frac{1}{2}}(i,j,k)-H_y^{n+\frac{1}{2}}(i,j,k-1)}{\Delta z}\right)\right\} \quad (5.2.a)$$

$$D_y^{n+1}(i,j,k) = C_{dd}(i,j+1,k)D_y^n(i,j,k)$$

$$+C_{dh}(i,j,k)\left\{\left(\frac{H_x^{n+\frac{1}{2}}(i,j,k)-H_x^{n+\frac{1}{2}}(i,j,k-1)}{\Delta z}\right) - \left(\frac{H_z^{n+\frac{1}{2}}(i,j,k)-H_z^{n+\frac{1}{2}}(i-1,j,k)}{\Delta x}\right)\right\} \quad (5.2.b)$$

$$D_z^{n+1}(i,j,k) = C_{dd}(i,j,k)D_z^n(i,j,k)$$

$$+C_{dh}(i,j,k)\left\{\left(\frac{H_y^{n+\frac{1}{2}}(i,j,k)-H_y^{n+\frac{1}{2}}(i-1,j,k)}{\Delta x}\right) - \left(\frac{H_x^{n+\frac{1}{2}}(i,j,k)-H_x^{n+\frac{1}{2}}(i,j-1,k)}{\Delta y}\right)\right\} \quad (5.2.c)$$

$$C_{dd}(i,j,k) = \frac{1-\frac{\sigma_{ep}(i,j,k)\Delta t}{2\varepsilon(i,j,k)}}{1+\frac{\sigma_{ep}(i,j,k)\Delta t}{2\varepsilon(i,j,k)}} \quad \text{et} \quad C_{dh}(i,j,k) = \frac{\Delta t}{1+\frac{\sigma_{ep}(i,j,k)\Delta t}{2\varepsilon(i,j,k)}}$$

$$(5.2.d)$$

$$B_x^{n+\frac{1}{2}}(i,j,k) = C_{bb}(i,j,k)B_x^{n-\frac{1}{2}}(i,j,k)$$

$$+C_{be}(i,j,k)\left\{\left(\frac{E_y^n(i,j,k+1)-E_y^n(i,j,k)}{\Delta z}\right) - \left(\frac{E_z^n(i,j+1,k)-E_z^n(i,j,k)}{\Delta y}\right)\right\} \quad (5.3.a)$$

$$B_y^{n+\frac{1}{2}}(i,j,k) = C_{bb}(i,j,k)B_y^{n-\frac{1}{2}}(i,j,k)$$

$$+C_{be}(i,j,k)\left\{\left(\frac{E_z^n(i+1,j,k)-E_z^n(i,j,k)}{\Delta x}\right) - \left(\frac{E_x^n(i,j,k+1)-E_x^n(i,j,k)}{\Delta z}\right)\right\} \quad (5.3.b)$$

$$B_z^{n+\frac{1}{2}}(i,j,k) = C_{bb}(i,j,k)B_z^{n-\frac{1}{2}}(i,j,k)$$

$$+C_{be}(i,j,k)\left\{\left(\frac{E_x^n(i,j+1,k)-E_x^n(i,j,k)}{\Delta y}\right)-\left(\frac{E_y^n(i+1,j,k)-E_y^n(i,j,k)}{\Delta x}\right)\right\} \qquad (5.3.c)$$

$$C_{bb}(i,j,k)=\frac{1-\frac{\sigma_{mp}(i,j,k)\Delta t}{2\mu(i,j,k)}}{1+\frac{\sigma_{mp}(i,j,k)\Delta t}{2\mu(i,j,k)}} \text{ et } C_{be}(i,j,k)=\frac{\Delta t}{1+\frac{\sigma_{mp}(i,j,k)\Delta t}{2\mu(i,j,k)}}$$

$$(5.3.d)$$

L'implémentation de ces équations dans une boucle de marche dans le temps se fait de la même façon que lors de l'implémentation des équations de mise à jour des champs dans une formulation habituelle de la FDTD.

Etant données que les paramètres σ_{ep} et σ_{mp} appartiennent à des sources fictives dans le milieu, ils n'entrent pas en jeu pour la définition des matériaux constituants l'intérieur de la grille. Cependant pour pouvoir terminer la grille FDTD avec des couches avec pertes appariées au milieu, ces termes sont gardés pour l'absorption des ondes incidentes aux limites de la grille [18].

5.1.2. Equations de mise à jour des champs électrique et magnétique

Les équations 5.1.b et 5.1.d doivent être formulées dans une équation sous forme de différence dans le domaine temporel pour une implémentation FDTD. Il faut donc passer ces équations du domaine fréquentiel au domaine temporel. Pour ce, le milieu est considéré comme un milieu avec pertes électrique et magnétique donné dont les paramètres matériels sont donnés aux Eq.5.4 [6][18].

$$\hat{\varepsilon}(\omega)=\varepsilon_0\hat{\varepsilon}_r(\omega) \qquad (5.4.a)$$

$$\hat{\varepsilon}_r(\omega)=\varepsilon_r+\frac{\sigma_e}{j\omega\varepsilon_0} \qquad (5.4.b)$$

$$\hat{\mu}(\omega)=\mu_0\hat{\mu}_r(\omega) \qquad (5.4.c)$$

$$\hat{\mu}_r(\omega)=\mu_r+\frac{\sigma_m}{j\omega\mu_0} \qquad (5.4.d)$$

En utilisant l'Eq.5.4.b dans l'Eq.5.1.b, et l'Eq.5.4.d dans l'Eq.5.1.d, les équations reliant les densités de flux aux champs sont obtenues aux Eq.5.5.

$$\hat{D}(\omega) = \varepsilon_0 \varepsilon_r \hat{E}(\omega) + \frac{\sigma_e}{j\omega} \hat{E}(\omega) \qquad (5.5.a)$$

$$\hat{B}(\omega) = \mu_0 \mu_r \hat{H}(\omega) + \frac{\sigma_m}{j\omega} \hat{H}(\omega) \qquad (5.5.b)$$

L'application de la transformée de Fourier inverse aux Eq.5.5 permet d'obtenir les densités de flux en fonction du temps (Eq.5.6) [19].

$$D(t) = TF^{-1}\{\hat{D}(\omega)\} = \varepsilon E(t) + \sigma_e \int_0^t E(\tau)d\tau \qquad (5.6.a)$$

$$B(t) = TF^{-1}\{\hat{B}(\omega)\} = \mu H(t) + \sigma_m \int_0^t H(\tau)d\tau \qquad (5.6.b)$$

Afin de pouvoir utiliser les Eq.5.6 dans une formulation FDTD, l'intégrale est approximée par une somme sur le pas de temps Δt. Les équations donnant les densités de flux sous leurs formes échantillonnées dans le temps sont les Eq.5.7.

$$D^n = \varepsilon E^n + \sigma_e \Delta t \sum_{i=0}^{n} E^i \qquad (5.7.a)$$

$$B^n = \mu H^n + \sigma_m \Delta t \sum_{i=0}^{n} H^i \qquad (5.7.b)$$

Dans les Eq.5.7, la résolution des champs au pas de temps n (valeur courante du champ) dépend de la valeur courante des densités de flux (D^n et B^n) ainsi que de la valeur courante des champs (E^n et H^n). Ceci est une incohérence, car la valeur courante d'un champ devrait dépendre uniquement de la valeur courante et/ou passée d'un autre champ et/ou de la valeur passée du champ à calculer. Afin de corriger la formulation des Eq.5.7, les termes E^n et H^n sont retirés de la sommation (Eq.5.8).

$$D^n = \varepsilon E^n + \sigma_e \Delta t E^n + \sigma_e \Delta t \sum_{i=0}^{n-1} E^i \qquad (5.8.a)$$

$$B^n = \mu H^n + \sigma_m \Delta t H^n + \sigma_m \Delta t \sum_{i=0}^{n-1} H^i \qquad (5.8.b)$$

En utilisant les Eq.5.8, les valeurs courantes des champs peuvent être calculées à partir des valeurs courantes des densités de flux (D^n et B^n) et des valeurs précédentes des champs ($E^i\big|_{i\in[0,n-1]}$ et $H^i\big|_{i\in[0,n-1]}$). Les équations de mise à jour des champs électrique et magnétique sont ainsi obtenues aux Eq.5.9.

$$E^n = \frac{D^n - \sigma_e \Delta t \sum_{i=0}^{n-1} E^i}{\varepsilon + \sigma_e \Delta t} \tag{5.9.a}$$

$$H^n = \frac{B^n - \sigma_m \Delta t \sum_{i=0}^{n-1} H^i}{\mu + \sigma_m \Delta t} \tag{5.9.b}$$

Les termes des sommations sont définis par les termes auxiliaires I_e pour l'Eq.5.9.a et I_m pour l'Eq.5.9.b. Ces termes auxiliaires sont donnés aux Eq.5.10.

$$I_e^{n-1} = \sigma_e \Delta t \sum_{i=0}^{n-1} E^i \tag{5.10.a}$$

$$I_m^{n-1} = \sigma_m \Delta t \sum_{i=0}^{n-1} H^i \tag{5.10.b}$$

Au final, les équations de mise à jour des champs associés aux équations de mise à jour des termes auxiliaires sont données aux Eq.5.10 pour le champ électrique et aux Eq.5.11 pour le champ magnétique [6].

$$E^n = \frac{D^n - I_e^{n-1}}{\varepsilon + \sigma_e \Delta t} \tag{5.10.a}$$

$$I_e^n = I_e^{n-1} + \sigma_e \Delta t E^n \tag{5.10.b}$$

$$H^n = \frac{B^n - I_m^{n-1}}{\mu + \sigma_m \Delta t} \tag{5.11.a}$$

$$I_m^n = I_m^{n-1} + \sigma_m \Delta t E^n \tag{5.11.b}$$

Les somme I_e et I_m sont calculées aux Eq.5.10.b et Eq.5.11.b. A chaque pas de temps n les valeurs E^n et H^n multipliées par un terme constant sont ajoutées, aux valeurs précédentes des sommes (I_e^{n-1} et I_m^{n-1}). Il n'est donc pas nécessaire de stocker toutes les valeurs des champs du pas de temps 0 à n.

Toutes les informations concernant les milieux sont contenues dans les Eq.5.10 et Eq.5.11. Le milieu peut être défini à l'aide des coefficients de ces équations, en utilisant les permittivités ainsi que les conductivités électriques et magnétiques.

5.2. FDTD 1D utilisant la formulation DB-FDTD

5.2.1. Terminaison de grille

Pour que la grille puisse se comporter comme un espace infini, les limites de cette dernière seront composées de couches absorbantes dont les facteurs d'absorption sont augmentés progressivement selon la progression dans les couches. L'équation 5.12 représente le calcul des facteurs de pertes sur l'axe d ($d = i, j, k$) [14][18].

$$pe(d) = pm(d) = 0.333 \left(\frac{d}{taille_{perte}} \right)^3 ;$$
$$d = [1, taille_{perte}], \ et \ d = [taille_{grille,d} - taille_{perte}, taille_{grille,d}] \quad (5.12)$$

Les facteurs de pertes ont des valeurs nulles pour l'ensemble de l'espace constituant l'intérieur de la grille.

5.2.2. Algorithme de calcul

Les étapes de calcul des champs en utilisant la formulation DB-FDTD impliquant les densités de flux sont :

1. Mise à jour de la densité de flux magnétique B au temps $n + 1$ (Eq.5.3)
2. Mise à jour du champ magnétique H au temps $n + 1$ (Eq.5.11.a)
3. Mise à jour du terme auxiliaire magnétique I_m au temps $n + 1$ (Eq.5.11.b)

4. Mise à jour de la densité de flux électrique D au temps $n + 1$ (Eq.5.2)

5. Injection de la source au nœud source choisi

6. Mise à jour du champ électrique E au temps $n + 1$ (Eq.5.10.a)

7. Mise à jour du terme auxiliaire électrique I_e au temps $n + 1$ (Eq.5.10.b)

8. Répéter les étapes 1 à 7 pour toutes les étapes temporelles choisies

5.2.3. Formulation TFSF

L'introduction de source par utilisation de limite TFSF, se fait de manière analogue que pour la formulation FDTD classique. Le seul changement est l'injection de la source au sein d'un nœud de densité de flux électrique. Pour le cas 1D la formulation TFSF est décrite aux Eq.5.13 [18].

$$D_z^{n+1}(i_{src}) = D_z^{n+1}(i_{src}) + \frac{C_{dh}}{\eta} E_{zinc}\left(-\frac{1}{2}, n + \frac{1}{2}\right) \tag{5.13.a}$$

$$B_y^{n+\frac{1}{2}}\left(i_{src} - \frac{1}{2}\right) = B_y^{n+\frac{1}{2}}\left(i_{src} - \frac{1}{2}\right) - C_{be}E_{zinc}(0, n) \tag{5.13.b}$$

5.2.4. Propagation d'une onde dans le vide

La figure 5.1 illustre la propagation d'une onde EM parcourant le vide. La source, qui est une ondelette de Ricker de fréquence $f = 500\ THz$, est introduite par limite TFSF au nœud 30, et la grille (de taille $150\ nœuds$) est terminée par des couches avec pertes. Pour tous les nœuds de la grille la permittivité et la perméabilité sont uniformes ($\varepsilon_r = 1; \mu_r = 1$), et les conductivités sont nulles ($\sigma_e = \sigma_m = 0$). La vue en cascade des champs à la Fig.5.2 montre que l'onde incidente à la limite droite de la grille est bien absorbée.

Les lignes de code correspondantes à la mise en œuvre de la propagation d'une onde EM dans l'espace libre, utilisant la formulation DB-FDTD, introduisent des tableaux pour les densités de flux. Les résultats de l'implémentation sont donnés aux Fig.5.1 et Fig.5.2. L'initialisation de la grille est donnée par les lignes de codes suivants :

```
% ---------------------------------------------
% Définition des constantes
% ---------------------------------------------
eps_0 = 1/(pi*36e9); mu_0 = 4*pi*1e-7; c0 = 1/sqrt(eps_0*mu_0);
% Définition de la grille et temps de simulation max
% ---------------------------------------------------
nb_cel = 150; t_max = 300 ;
% Initialisations des champs et coefficients à 0
% ---------------------------------------------
cdd = zeros(1,nb_cel); cdh = zeros(1,nb_cel); cbb = zeros(1,nb_cel);
cbe = zeros(1,nb_cel); dz = zeros(1,nb_cel); ez = zeros(1,nb_cel);
by = zeros(1,nb_cel); hy = zeros(1,nb_cel); ie = zeros(1,nb_cel);
im = zeros(1,nb_cel); ezo = zeros(nb_cel,t_max); hyo = zeros(nb_cel,t_max);
% Définitions tailles des cellules et pas de temps
% ---------------------------------------------
freq_max = 500e12; eps_freq = 1; lambda = (c0/sqrt(eps_freq))/freq_max;
n_freq = 20; dx = lambda /n_freq ; dt = dx /c0 ; Sc = c0 * dt / dx;
% Définition couche perte et du noeuds source
% ---------------------------------------------
n_perte = 15; i_source = 30;
% Paramètre du milieu
% ---------------------------------------------
eps_m = eps_freq ; eps_r = ones (1,nb_cel); mu_r = ones (1,nb_cel);
eps = eps_0 * eps_r; mu = mu_0 * mu_r;
sigmae = zeros(1,nb_cel); sigmam = zeros(1,nb_cel);
```

Les lignes de code correspondantes à la mise en œuvre de l'ABC sont :

```
% Terminaison de la grille
% ---------------------------------------------
val_perte = zeros(1,nb_cel); pe = zeros(1,nb_cel);
for i = 1 : n_perte
    val_perte(i) = 0.333 * (i / n_perte)^3;
end
for i = 1 : n_perte
    pe(i) = val_perte(n_perte - i + 1);
    pe(nb_cel - n_perte + i ) = val_perte (i);
end
pm = pe;
```

```
% Coefficients pour la grille 1D
% -----------------------------------------------
    for i = 1 : nb_cel
        % coefficients de maj de la densité D
        cdd(i) = (1 - pe(i))/(1 + pe(i));
        cdh(i) = dt / ((1 + pe(i)) * dx);
        % coefficients de maj de la densité B
        cbb(i) = (1 - pm(i))/(1 + pm(i));
        cbe(i) = dt / ((1 + pm(i)) * dx);
    end
```

La boucle FDTD principale est donnée par :

```
% Boucle FDTD principale
% -----------------------------------------------
for t = 0 : 1 : t_max-1
    % Mis à jour de la densité de flux magnétique By
    for i = 1 : nb_cel - 1
        by(i) = (cbb(i) * by(i)) + cbe(i) * (ez(i + 1)- ez(i));
    end
    % Correction pour By adjacente à la limite TFSF
    by(i_source - 1) = by(i_source - 1) ...
        - cbe(i_source - 1) * ezsrc(0,t,freq_max,n_freq,Sc,dt);
    % Mis à jour de Hy et de Im
    for i = 1 : nb_cel
        hy(i) = (1 / (mu(i) + sigmam(i) * dt)) * (by(i) - im(i));
        im(i) = im(i) + (sigmam(i)* dt * hy(i));
    end
    % Mise à jour de la densité de flux électrique Dz
    for i = 2 : nb_cel
        dz(i) = (cdd(i) * dz(i)) + (cdh(i) *(hy(i)- hy(i-1)));
    end
    % correction pour Dz adjacente à la limite TFSF
    imp = sqrt(mu(i_source)/eps(i_source));
    dz(i_source) = dz(i_source)...
        + (cdh(i_source)/imp) * ezsrc(-0.5,t+0.5,freq_max,n_freq,Sc,dt);

    % Mise à jour de Ez et de Ie
    for i = 1 : nb_cel
        ez(i) = (1 / (eps(i) + sigmae(i) * dt)) * (dz(i) - ie(i));
        ie(i) = ie(i) + (sigmae(i) * dt * ez(i));
    end
    % Sauvegarde des champs
    ezo(:,t+1)= ez; hyo(:,t+1)= hy;
end
```

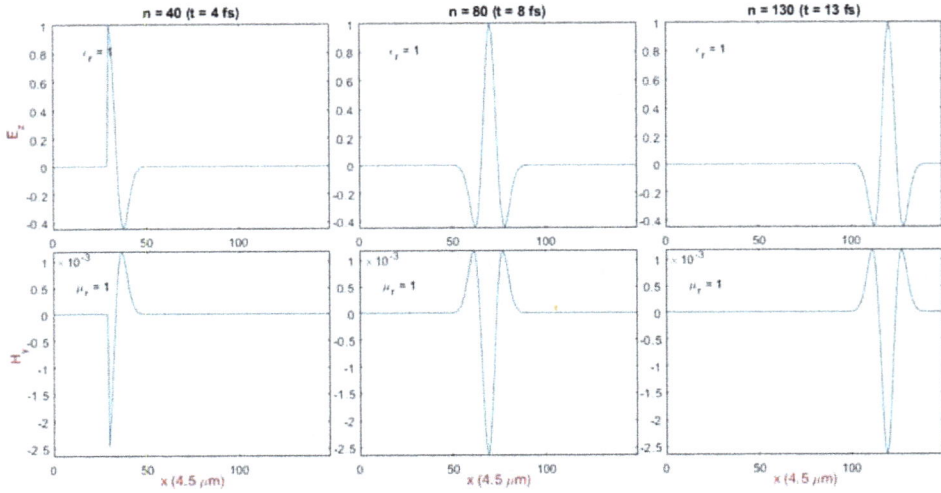

Figure 5.1 : Instantanés d'une ondelette de Ricker se propageant dans le vide
utilisant la formulation DB-FDTD

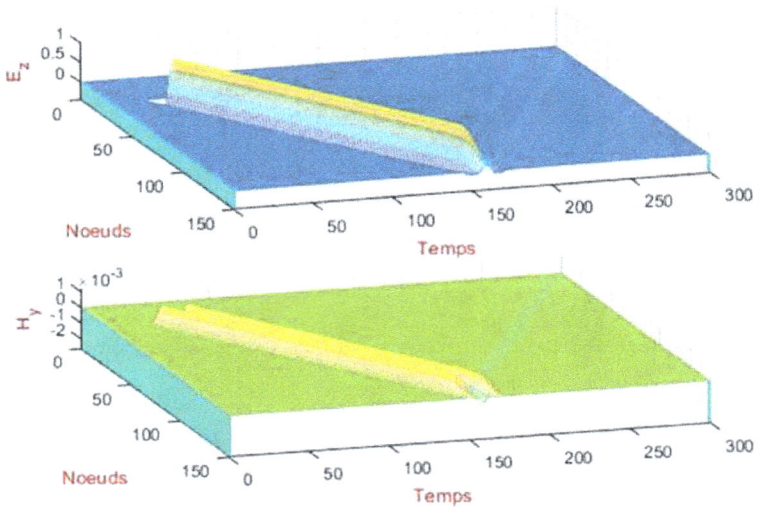

Figure 5.2 : Vues en cascade d'une ondelette de Ricker se propageant dans le vide
utilisant la formulation DB-FDTD

5.2.5. Propagation d'une onde frappant un milieu diélectrique

Les paramètres matériels du milieu peuvent être modifiés en utilisant $\varepsilon(i)$ et $\sigma(i)$. La figure 5.3 montre la propagation d'une onde traversant une couche de diélectrique ($\varepsilon_r = 4$) allant du nœud 71 au nœud 101. La conductivité du diélectrique est celle d'un matériau isolant ($\sigma_e = 10^{-17}\ S.m^{-1}$), un matériau conducteur ($\sigma_e = 5.8 \times 10^7\ S.m^{-1}$) réfléchirait l'onde incidente au milieu constitué de ce matériau (Fig.5.4).

Les amplitudes observées de l'onde correspondent avec les coefficients de réflexion et de transmissions calculés pour les limites gauches (Eq.5.14.a) et droites (Eq.5.14.b) du diélectrique [18].

$$\Gamma_G = -\frac{1}{3} \text{ et } T_G = \frac{2}{3} \qquad (5.14.a)$$

$$\Gamma_D = \frac{1}{3} \text{ et } T_D = \frac{4}{3} \qquad (5.14.b)$$

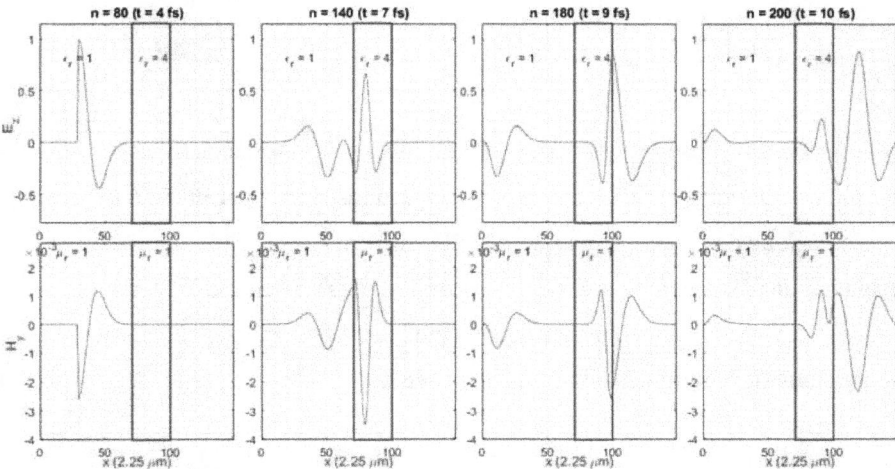

Figure 5.3 : Instantanés d'une ondelette de Ricker traversant un milieu isolant de permittivité relative $\varepsilon_r = 4$

111

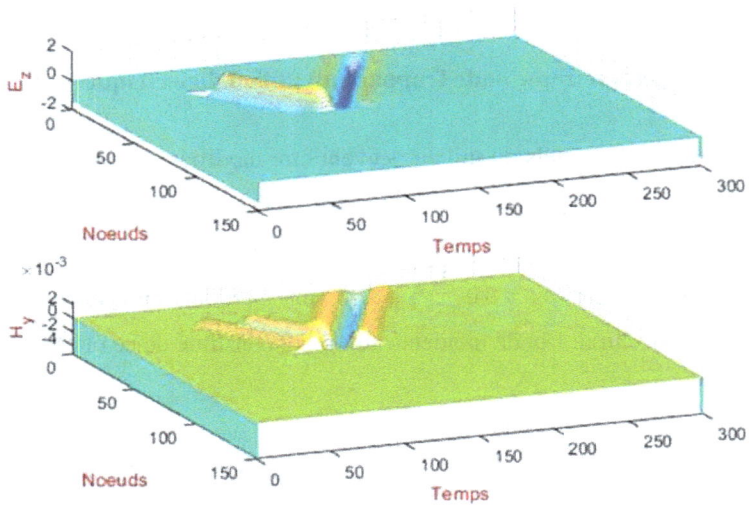

Figure 5.4 : Vue en cascade d'une ondelette de Ricker frappant un milieu conducteur

5.3. FDTD 2D utilisant la formulation DB-FDTD en mode TM

5.3.1. Equations DB-FDTD 2D en mode TM

a. Equations de mise à jour des densités de flux

Les équations de mise à jour de la densité de flux électrique (Eq.5.15) et de celles de la densité de flux magnétique (Eq.5.16). Les équations Eq.5.15 et Eq.5.16 concernent les mises à jour des champs pour le cas 2D où il n'y a de variations que pour la propagation dans les directions x et y en mode TM. Les coefficients de multiplication des densités et des champs sont exprimés à l'aide des facteurs de perte pour faciliter la mise en œuvre de la terminaison de la grille avec des couches de pertes [20].

112

$$D_z^{n+1}(i,j) = C_{dd}(i,j)D_z^n(i,j) + C_{dh}(i,j)\left\{\left(\frac{H_y^{n+\frac{1}{2}}(i,j)-H_y^{n+\frac{1}{2}}(i-1,j)}{\Delta x}\right) - \right.$$

$$\left.\left(\frac{H_x^{n+\frac{1}{2}}(i,j)-H_x^{n+\frac{1}{2}}(i,j-1)}{\Delta y}\right)\right\} \quad (5.15.a)$$

$$C_{dd}(i,j) = \frac{1-\frac{\sigma_{ep}(i,j)\Delta t}{2\varepsilon(i,j)}}{1+\frac{\sigma_{ep}(i,j)\Delta t}{2\varepsilon(i,j)}} = \frac{1-pez(i,j)}{1+pez(i,j)} \; ; \; C_{dh}(i,j,k) = \frac{\Delta t}{1+\frac{\sigma_{ep}(i,j)\Delta t}{2\varepsilon(i,j)}} = \frac{\Delta t}{1+pez(i,j)} \quad (5.15.b)$$

$$B_x^{n+\frac{1}{2}}(i,j) = C_{bb}(i,j)B_x^{n-\frac{1}{2}}(i,j) + C_{be}(i,j)\left(\frac{E_z^n(i,j+1)-E_z^n(i,j)}{\Delta y}\right)$$

$$(5.16.a)$$

$$C_{bxbx}(i,j) = \frac{1-\frac{\sigma_{mp}(i,j)\Delta t}{2\mu(i,j)}}{1+\frac{\sigma_{mp}(i,j)\Delta t}{2\mu(i,j)}} = \frac{1-pmx(i,j)}{1+pmx(i,j)} \qquad ; C_{bxez}(i,j) = \frac{-\Delta t}{1+\frac{\sigma_{mp}(i,j)\Delta t}{2\mu(i,j)}} = \frac{-\Delta t}{1+pmx(i,j)}$$

$$(5.16.b)$$

$$B_y^{n+\frac{1}{2}}(i,j) = C_{bb}(i,j)B_y^{n-\frac{1}{2}}(i,j) + C_{be}(i,j)\left(\frac{E_z^n(i+1,j)-E_z^n(i,j)}{\Delta x}\right)$$

$$(5.16.c)$$

$$C_{byby}(i,j) = \frac{1-\frac{\sigma_{mp}(i,j)\Delta t}{2\mu(i,j)}}{1+\frac{\sigma_{mp}(i,j)\Delta t}{2\mu(i,j)}} = \frac{1-pmy(i,j)}{1+pmy(i,j)} \; ; \; C_{byez}(i,j) = \frac{\Delta t}{1+\frac{\sigma_{mp}(i,j)\Delta t}{2\mu(i,j)}} = \frac{\Delta t}{1+pmy(i,j)}$$

$$(5.16.d)$$

L'implémentation de ces équations dans une boucle de marche dans le temps se fait de la même façon que lors de l'implémentation des équations de mise à jour des champs dans une formulation habituelle de la FDTD.

b. Terminaison de grille par couches absorbantes

Pour que la grille puisse se comporter comme un espace infini, les limites de cette dernière seront composées de couches absorbantes dont les facteurs d'absorption sont augmentés progressivement selon la progression dans les couches. L'application de la terminaison de grille par couches absorbantes, n'impliquent que les équations de mise à jour des densités de flux (Eq.5.15 et Eq.5.16). L'équation 17 représente le calcul des facteurs de pertes [6][20].

$$i\epsilon\left[1, taille_{perte}\right] \tag{5.17.a}$$

$$perte(i) = \frac{1}{3}\left(\frac{i}{taille_{perte}}\right)^3 \tag{5.17.b}$$

$$pez(i: taillex - i + 1, i) = perte(taille_{perte} - i + 1) \tag{5.17.c}$$

$$pez(i: taillex - i + 1, tailley - i + 1) = perte(taille_{perte} - i + 1) \tag{5.17.d}$$

$$pez(i, i: tailley - i + 1) = perte(taille_{perte} - i + 1) \tag{5.17.e}$$

$$pez(taillex - i + 1, i: tailley - i + 1) = perte(taille_{perte} - i + 1) \tag{5.17.f}$$

$$pez = pmx = pmy \tag{5.17.g}$$

Les facteurs de pertes ont des valeurs nulles pour l'ensemble de l'espace constituant l'intérieur de la grille. Les facteurs de pertes n'entrant pas en jeu dans les Eq.5.10 et Eq.5.11 (pour la mise à jour des champs), la définition de couches de perte comme ABC de la grille FDTD 2D n'affecte en rien la mise en œuvre de la définition des matériaux constituant le milieu de simulation.

c. Formulation TFSF

La formulation TFSF se fait en appliquant les corrections aux densités de flux. Les corrections se font de manière analogue que pour la formulation FDTD conventionnelle. Pour la simulation d'une onde plane allant dans la direction des x positifs, les équations de corrections sont appliquées à la densité de flux électrique (Eq.5.18) et aux composantes de la densité de flux magnétique (Eq.5.19, Eq.5.20). La limite TFSF est définie par les nœuds de coordonnés (i_d, j_d) et (i_f, j_f) définissant une limite rectangulaire.

$$j \in [j_d, j_f] \tag{5.18.a}$$

$$D_z^{n+1}(i_d, j) = D_z^n(i_d, j) - c_{dzby} H_{yinc}^{n+\frac{1}{2}}\left(i_d - \frac{1}{2}\right)/eps(i, j) \tag{5.18.b}$$

$$D_z^{n+1}(i_f, j) = D_z^n(i_f, j) + c_{dzby} H_{yinc}^{n+\frac{1}{2}}\left(i_f + \frac{1}{2}\right)/eps(i, j) \tag{5.18.c}$$

$$i \in [i_d, i_f] \tag{5.19.a}$$

$$B_x^{n+\frac{1}{2}}\left(i, j_d - \frac{1}{2}\right) = B_x^{n+\frac{1}{2}}\left(i, j_d - \frac{1}{2}\right) - c_{bxez} E_{zinc}^n(i) \tag{5.19.b}$$

$$B_x^{n+\frac{1}{2}}\left(i, j_f + \frac{1}{2}\right) = B_x^{n+\frac{1}{2}}\left(i, j_f + \frac{1}{2}\right) + c_{bxez} E_{zinc}^n(i) \tag{5.19.c}$$

$$j \in [j_d, j_f] \tag{5.20.a}$$

$$B_y^{n+\frac{1}{2}}\left(i_d - \frac{1}{2}, j\right) = B_y^{n-\frac{1}{2}}\left(i_d - \frac{1}{2}, j\right) - c_{byez} E_{zinc}^n(i_d) \tag{5.20.b}$$

$$B_y^{n+\frac{1}{2}}\left(i_f + \frac{1}{2}, j\right) = B_y^{n-\frac{1}{2}}\left(i_f + \frac{1}{2}, j\right) + c_{byez} E_{zinc}^n(i_f) \tag{5.20.c}$$

5.3.2. Propagation d'une onde plane dans le vide

La figure 5.5 présente les instantanées d'une ondelette de Ricker introduite par formulation TFSF dans une grille 2D de dimension (200×100). Afin satisfaire le critère de stabilité, le nombre de courant est $S_c = 0.7071$. Le milieu est considéré comme étant non ferromagnétique $(\mu_r = 1, \sigma_m = 0)$. Le tableau II présente les paramètres calculés pour les simulations en 2D de la propagation d'une onde plane parcourant le vide.

Tableau II : Paramètres des simulations 2D TM FDTD pour le vide

Fréquence	Longueur d'onde	Résolution spatial	Pas spatial	Pas de temps
$f_{max} = 500\,THz$	$\lambda_{min} = 599.58\,nm$	$N_\lambda = 20$	$\Delta x = 29.97\,nm$ $\Delta y = 29.97\,nm$	$\Delta t = 0.07\,fs$

Le programme « 2D DB-FDTD TM » pour la simulation de la propagation d'une onde plane au sein du vide est donné par les lignes de code suivantes :

```
%*********************************************%
% Définition des constantes
% --------------------------
c0 = 299792458; eps_0 = 8.854*1e-12;mu_0 = 4*pi*1e-7;
% Définition de la grille et temps de simulation max
% --------------------------------------------------
nx = 200; ny = 100; t_max = 500 ;
% Initialisations des champs et coefficients à 0
% ----------------------------------------------
ez = zeros(nx,ny); hx = zeros(nx,ny); hy = zeros(nx,ny);
dz = zeros(nx,ny); bx = zeros(nx,ny); by = zeros(nx,ny);
cdzdz = zeros(nx,ny); cdzby = zeros(nx,ny); cdzbx = zeros(nx,ny);
cbxbx = zeros(nx,ny); cbxdz = zeros(nx,ny);
cbyby = zeros(nx,ny); cbydz = zeros(nx,ny);
ie = zeros(nx,ny); imx = zeros(nx,ny); imy = zeros(nx,ny);
ezo = zeros(ny,nx,t_max);
% Définitions tailles des cellules et pas de temps
% ------------------------------------------------
freq_max = 500e12; eps_freq = 1; lambda = (c0/sqrt(eps_freq))/freq_max;
nlambda = 20; dx = lambda /nlambda; dy = dx; dt = dx / (sqrt(2)*c0) ;
Sc = c0 * dt / dx;

% Paramètres du milieu
% --------------------
eps_r = ones (nx,ny); mu_r = ones (nx,ny);
eps = eps_0 * eps_r; mu = mu_0 * mu_r;
sigmae = 0 * ones (nx,ny) ; sigmam = 0 * ones (nx,ny);
```

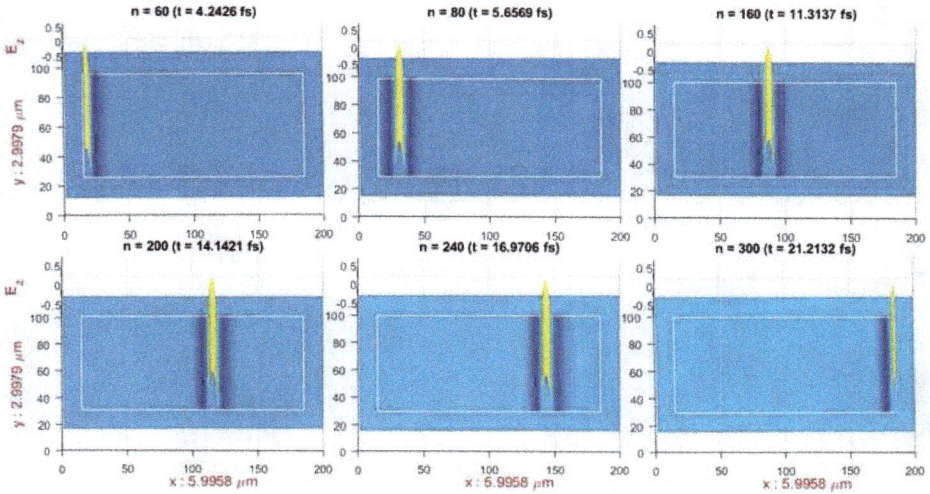

Figure 5.5 : Instantanés d'une onde plane se propageant dans le vide utilisant la
formulation DB-FDTD

```
% Assignation des couches de pertes
% ------------------------------------
pe = zeros(nx,ny) ; n_perte = 15; val_perte = zeros(1,n_perte);
for i = 1 : n_perte
    val_perte(i) = (1/3) * (i / n_perte)^3;
end
    for i = 1 : n_perte
        temp = val_perte(n_perte - i + 1);
        pe(i : nx - i + 1 , i) = temp;
        pe(i : nx - i + 1 , ny - i + 1) = temp;
        pe(i , i : ny - i + 1) = temp;
        pe(nx - i + 1 , i : ny - i + 1) = temp;
    end
pm = pe;
```

```
% Calcul des Coefficients de mis à jour des champs
% --------------------------------------------------
for i = 1 : nx
    for j = 1 : ny
        % Coefiscients pour la maj de Dz
        cdzdz(i,j) = ( 1 - pe(i,j)) ./ (1 + pe(i,j));
        cdzby(i,j)= (dt / dx) ./ (1 + pe(i,j));
        cdzbx(i,j) = (-dt / dy) ./ (1 + pe(i,j));
        % Coefiscients pour la maj de Hx
        cbxbx(i,j) = (1 - pm(i,j)) ./ (1 + pm(i,j));
        cbxdz(i,j) = (-dt/dy) ./ (1 + pm(i,j));
        % Coefiscients pour la maj de Hy
        cbyby(i,j) = (1 - pm(i,j)) ./ (1 + pm(i,j));
        cbydz(i,j) = (dt/dx) ./ (1 + pm(i,j));
    end
end

% Paramètre de la TFSF
% -----------------------------------------------------------------------
% Définitions des limites
ide = n_perte+1; ifi = nx - ide + 1; jde = n_perte+1; jfi = ny - jde +1;
% Initialisation grille 1D
ezinc = zeros(1,nx); hyinc = zeros(1,nx);
ezinco = zeros(nx,t_max); hyinco = zeros(nx,t_max);
% Calcul des coefficients 1D
cee = cdzdz(:,jde); ceh = cdzby(:,jde)./eps(:,jde);
chh = cbyby(:,jde); che = cbydz(:,jde)./mu(:,jde);
```

```
% Boucle de mis à jour des champs
% --------------------------------
for t = 0 : 1 : t_max-1
    % Calcul de la source d'onde plane
    % --------------------------------
    % Mise à jour du champ magnétique 1D
    for i = 1 : nx -1
        hyinc(i) = chh(i) * hyinc(i) + che(i) * (ezinc(i + 1) - ezinc(i));
    end
    % Mis à jour du champ électrique 1D
     for i = 2 : nx
        ezinc(i) = cee(i) * ezinc(i) + ceh(i) * (hyinc(i) - hyinc(i - 1));
     end
     % Introduction de la source
        i_source = n_perte;
        ezinc(i_source)= ezsrc(0,t,freq_max,nlambda,Sc,dt);
    % Mise à jour de la densité de flux électrique
    % --------------------------------------------
    for j = 2 : ny
        for i = 2 : nx
            dz(i,j) = cdzdz(i,j) * dz(i,j) ...
                + (cdzbx(i,j) *(hx(i,j)- hx(i,j-1)))...
                + (cdzby(i,j) *(hy(i,j)- hy(i-1,j)));
        end
     end

    % Corection de Dz
    % ---------------------
    for j = jde : jfi
      dz(ide,j) = dz(ide,j) - cdzby(ide,j) * hyinc(ide - 1);
      dz(ifi,j) = dz(ifi,j) + cdzby(ifi,j) * hyinc(ifi);
    end
    % Mise à jour de Ez et de Ie
    % --------------------------
    for j = 2 : ny
        for i = 2 : nx
    ez(i,j) = (1 / (eps(i,j) + sigmae(i,j) * dt)) * (dz(i,j) - ie(i,j));
    ie(i,j) = ie(i,j) + (sigmae(i,j) * dt * ez(i,j));
        end
    end
    % Mise à jour de la densité de flux magnétique
    % --------------------------------------------
    for j = 1 : ny - 1
        for i = 1 : nx - 1
    bx(i,j) = cbxbx(i,j) * bx(i,j) + cbxdz(i,j) * (ez(i,j+1)- ez(i,j));
    by(i,j) = cbyby(i,j) * by(i,j) + cbydz(i,j) * (ez(i+1,j)- ez(i,j));
        end
    end
```

```
% Correction de Bx et By
% -----------------------------------
for i = ide : ifi
    bx(i,jde-1) =  bx(i,jde-1) - cbxdz(i,jde-1) * ezinc(i);
    bx(i,jfi)   =  bx(i,jfi)   + cbxdz(i,jfi)   * ezinc(i);
end
for j = jde : jfi
    by(ide-1,j) =  by(ide-1,j) - cbydz(ide-1,j) * ezinc(ide);
    by(ifi,j)   =  by(ifi,j)   + cbydz(ifi,j)   * ezinc(ifi);
end
% Mis à jour de Hx et de Imx
for j = 1 : ny - 1
    for i = 1 : nx - 1
hx(i,j) = (1 / (mu(i,j) + sigmam(i,j) * dt)) * (bx(i,j) - imx(i,j));
imx(i,j) = imx(i,j) + (sigmam(i,j)* dt * hx(i,j));
hy(i,j) = (1 / (mu(i,j) + sigmam(i,j) * dt)) * (by(i,j) - imy(i,j));
imy(i,j) = imy(i,j) + (sigmam(i,j)* dt * hy(i,j));
    end
end
% Sauvegarde des champs à chaque pas de temps
% -----------------------------------------
ezo(:,:,t+1) = transpose(ez(:,:));
end
```

5.3.4. Propagation d'une onde plane frappant un milieu diélectrique

La spécification d'un objet dans une grille FDTD se fait par le biais de ses propriétés électromagnétiques. La simulation concerne la propagation d'une onde plane frappant un cylindre diélectrique de rayon $r = 25\ \Delta x$, qui a une constante diélectrique spécifiée par ε et une conductivité spécifiée par σ_e (Eq.5.10). Les paramètres calculés pour un cylindre de permittivité relative $\varepsilon_r = 9$, sont donnés au tableau III. Afin de définir un cercle C de rayon R, et de centre de coordonnée (i_c, j_c), les points appartenant au cercle sont définis à l'Eq.5.21.

$$point(i,j) \in C : \sqrt{(i_c - i)^2 + (j_c - j)^2} \leq R \tag{5.21}$$

Fréquence	Longueur d'onde	Résolution spatial	Pas spatial	Pas de temps
$f_{max} = 500\,THz$	$\lambda_{min} = 199.86\,nm$	$N_\lambda = 40$	$\Delta x = 9.99\,nm$ $\Delta y = 9.99\,nm$	$\Delta t = 0.02\,fs$

Les lignes de code permettant d'introduire un cylindre de matériau isolant de permittivité relative $\varepsilon_r = 9$ et de conductivité $\sigma_e = 10^{-17}\,S.m^{-1}$ sont :

```
% Spécification du cylindre
% -------------------------
sig_me = 5.8e7;
% sig_me = 10e-17;
rayon = 25; ic = nx/2 ; jc = ny/2;
for j = n_perte : ny - n_perte
    for i = n_perte : nx - n_perte
        xdist = (ic - i);
        ydist = (jc - j);
        dist = sqrt (xdist^2 + ydist^2);
        if dist <= rayon
            eps(i,j) = eps_freq * eps_0 ;
            sigmae(i,j) = sig_me;
        end
    end
end
```

La figure 5.6 présente les instantanées d'une onde plane frappant un cylindre diélectrique. En atteignant le périmètre du cylindre, une partie de l'onde est réfléchie tandis qu'une autre partie continue de se propager dans le matériau mais avec une vitesse réduite au tiers de celle du vide ($c = c_0/\sqrt{\varepsilon_r}$). Les champs réfléchis par le diélectrique peuvent sortir de la limite TFSF et finissent par être absorbés par les couches absorbantes terminant la grille.

La figure 5.7 illustre la propagation d'une onde plane dans le vide où un cylindre de matériau conducteur de permittivité relative $\varepsilon_r = 9$ et de conductivité $\sigma_z = 5,8 \times 10^7\,S.m^{-1}$est placé au centre de la grille FDTD. Le matériau étant conducteur, les ondes incidentes au périmètre du cylindre sont complétement réfléchies puis absorbées par les terminaisons de la grille en sortant de la limite TFSF.

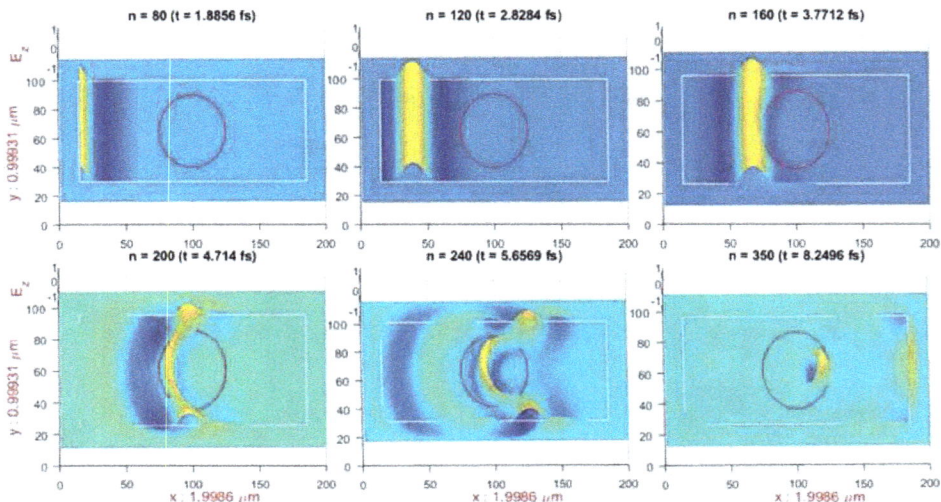

Figure 5.6 : Instantanées d'une onde plane se propageant dans le vide et frappant un milieu diélectrique isolant

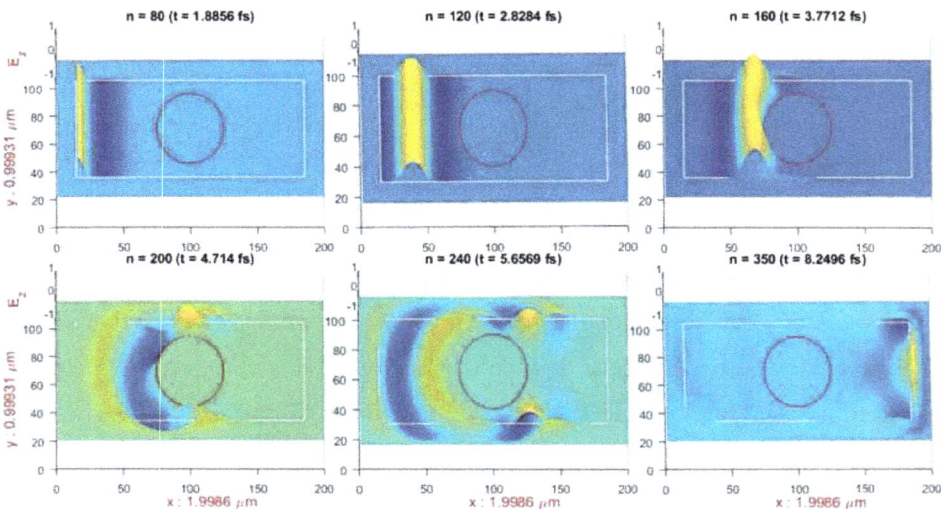

Figure 5.7 : Instantanés d'une onde plane se propageant dans le vide et frappant un milieu diélectrique conducteur

5.4. Conclusion

Les résultats de la formulation DB-FDTD, utilisant les densités de flux électrique et magnétiques, sont aussi précis que pour la formulation classique FDTD, utilisant les champs. Dans ce manuscrits, des couches de perte appariées au milieu ont étés utilisées comme ABC des grilles. L'utilisation de la formulation FDTD a permis de distinguer la mise en œuvre d'ABC et la mise en œuvre de milieu anisotrope au sein de la grille.

La formulation FDTD permet aussi l'introduction de la source par limite TFSF. Que ce soit dans le cas 1D ou le cas 2D, la formulation TFSF ne requiert pas de calcul supplémentaire. Néanmoins, l'application des corrections se fait sur les densités de flux et non sur les champs comme pour la formulation FDTD classique. La fonction calculant la source, reste aussi le même que celle utilisée dans la formulation FDTD classique.

Certes, l'implémentation DB-FDTD génère des variables et des calculs supplémentaires, mais elle permet de faciliter la construction de milieux anisotrope pour la constitution de l'intérieur de la grille. De plus, pour la modélisation de milieux dispersifs, des milieux dont les paramètres sont dépendantes de la fréquence, la formulation DB-FDTD est la plus utilisée.

Annexe 1 :

Scripts pour les affichages des résultats

Pour l'étape « Post-traitements des données » dans l'algorithme FDTD, les scripts sous Matlab pour les différents instantanés des champs sont présentées ici.

A.1.1. Scripts pour l'affichage des champs en 1D

Les axes des abscisses des repères sont limités par la variable « *space* », et ceux des ordonnées par les valeurs minimum et maximum de la composante du champ à afficher. La variable « *tobs* » permet de définir la valeur du pas de temps n pour l'instantané à afficher.

a. Instantané du champ électrique

Les valeurs du champ électrique sont stockées dans la matrice « *ezo* ». Les lignes de code suivantes donnent la manière dont est exploitée cette matrice pour pouvoir afficher une composante du champ électrique à un instant donné :

```
% Affichage de Ez (affiche_e)
% --------------------------
plot(space,ezo(:,tobs))
mine = min(ezo(:));
maxe = max(ezo(:));
xlabel(['x (',num2str(nb_cel*dx),' m)'],'Color','red','FontSize',12)
ylabel('E_z ','Color','red','FontSize',12)
set(gca,'FontSize',10);
title(['n = ',num2str(tobs),' (t = ',num2str(tobs*dt*1e9),' ns)'])
axis([0 nb_cel-1 -1 1 ])
text(10,0.8,' \epsilon_r = 1');
```

b. Instantané du champ magnétique

Les valeurs du champ électrique sont stockées dans la matrice « *hyo* ». Les lignes de code suivantes donnent la manière dont est exploitée cette matrice pour pouvoir afficher une composante du champ magnétique à un instant donné :

```
% Affichage de Hy (affiche_h)
% ---------------------------
plot(space,hyo(:,tobs))
minh = min(hyo(:));
maxh = max(hyo(:));
xlabel(['x (',num2str(nb_cel*dx),' m)'],'Color','red','FontSize',12)
ylabel('H_y ','Color','red','FontSize',12)
set(gca,'FontSize',10);
title(['n = ',num2str(tobs),' (t = ',num2str(tobs*dt*1e9),' ns)'])
axis([0 nb_cel-1 minh maxh ])
text(10,0.5e-3,' \mu_r = 1');
```

c. Vues en cascade

Afin de pourvoir afficher tous les instantanés d'un même champ dans une seule figure, la vue en cascade est utilisée. Faute de pouvoir mettre une animation dans un document manuscrit, la vue en cascade permet d'avoir un aperçu de la propagation d'une onde à chaque pas de temps des simulations. Les lignes de code pour l'affichage en cascade de E_z et H_y sont :

```
% Vues en cascade des champs
% ---------------------------
% Composante Ez
subplot(2,1,1)
waterfall(ezo)
axis ij
xlabel('Temps','Color','red','FontSize',10)
ylabel('Noeuds','Color','red','FontSize',10)
zlabel('E_z','Color','red','FontSize',10)
grid minor
% Composante Hy
subplot(2,1,2)
waterfall(hyo)
axis ij
xlabel('Temps','Color','red','FontSize',10)
ylabel('Noeuds','Color','red','FontSize',10)
zlabel('H_y','Color','red','FontSize',10)
grid minor
```

d. <u>Affichage de plusieurs instantanés dans une seule figure</u>

Afin d'afficher, plus d'un instantanés dans une seule et même figure, les lignes de code suivantes sont utilisées :

```
% Instantanée des champs
% ----------------------
space = 1 : 1 : nb_cel ;
% Affichage au pas de temps tobs
t1 = 20;t2 = 30;t3 = 40;t4 = 50;
% Instantanés de Ez
subplot(2,4,1); tobs = t1; affiche_e ; grid minor
subplot(2,4,2); tobs = t2; affiche_e ; grid minor
subplot(2,4,3); tobs = t3; affiche_e ; grid minor
subplot(2,4,4); tobs = t4; affiche_e ; grid minor
% Instantanés de Hy
subplot(2,4,5); tobs = t1; affiche_h ; grid minor
subplot(2,4,6); tobs = t2; affiche_h ; grid minor
subplot(2,4,7); tobs = t3; affiche_h ; grid minor
subplot(2,4,8); tobs = t4; affiche_h ; grid minor
```

e. Animation de la propagation du champ

Il est possible de faire passer les divers instantanés les un à la suite des autres, donnant ainsi une animation du déplacement de l'onde. Les lignes de code correspondantes sont :

```
% Animation de la propagation
% ---------------------------
space = 1 : 1 : nb_cel ;
aemax = max(ezo(:));
aemin = min(ezo(:));
ahmax = max(hyo(:));
ahmin = min(hyo(:));

% Boucle pricipale
% ...............
for tobs = 1 : 1 : t_max
    % Affichage du champ E
    subplot(2,1,1)
    affiche_e
    grid minor
    % affichage du champ H
    subplot(2,1,2)
    affiche_h
    grid minor
    pause(0.01)
end
```

A.1.2. Scripts pour l'affichage des champs en 2D

Dans cette partie, la façon dont est réalisé l'affichage des composantes des champs dans une grille FDTD 2D est présentée. Les scripts permettent d'afficher la propagation des champs sur le plan xy. L'amplitude des champs variant uniquement suivant l'axe des z.

Pour l'affichage de composantes des champs, en mode TM, le script permettant d'afficher les instantanés des composantes (une figure pour chaque composante) est décrit par les lignes suivantes :

```
% Instantanés en mode TM
% ----------------------
aemax = max(ezo(:)); aemin = min(ezo(:)); hxmax = max(hxo(:));
hxmin = min(hxo(:)); hymax = max(hyo(:)); hymin = min(hyo(:));
t1 = 30 ; t2 = 70 ; t3 = 100 ; t4 = 160 ; t5 = 215; t6 = 400;
% instantanés E
tobs = t1; subplot(2,3,1) ; affiche_ez ;
aemax = aemax/5 ; aemin = aemin/5;
tobs = t2; subplot(2,3,2) ; affiche_ez
tobs = t3; subplot(2,3,3) ; affiche_ez
tobs = t4; subplot(2,3,4) ; affiche_ez
tobs = t5; subplot(2,3,5) ; affiche_ez
tobs = t6; subplot(2,3,6) ; affiche_ez
% instantanés Hx
figure
tobs = t1; subplot(2,3,1) ; affiche_hx ;
hxmax = hxmax/10;hxmin = hxmin/10;
tobs = t2; subplot(2,3,2) ; affiche_hx
tobs = t3; subplot(2,3,3) ; affiche_hx
tobs = t4; subplot(2,3,4) ; affiche_hx
tobs = t5; subplot(2,3,5) ; affiche_hx
tobs = t6; subplot(2,3,6) ; affiche_hx
% instantanés Hy
figure
tobs = t1; subplot(2,3,1) ; affiche_hy ;
hymax = hymax/10;hymin = hymin/10;
tobs = t2; subplot(2,3,2) ; affiche_hy
tobs = t3; subplot(2,3,3) ; affiche_hy
tobs = t4; subplot(2,3,4) ; affiche_hy
tobs = t5; subplot(2,3,5) ; affiche_hy
tobs = t6; subplot(2,3,6) ; affiche_hy
```

Les scripts donnant les instantanés des composantes des champs sont données par les lignes de code suivantes :

```
% Instantanés de Ez (affiche_ez)
% ------------------------------
s=surf(ezo(:,:,tobs));
s.EdgeColor = 'none';
xlabel(['x : ',num2str(nx*dx),' m'],'Color','red','FontSize',12)
ylabel(['y : ',num2str(ny*dy),' m'],'Color','red','FontSize',12)
zlabel('E_z','Color','red','FontSize',12)
title(['n = ',num2str(tobs),' (t = ',num2str(tobs*dt*1e9),' ns)'])
axis ([0 nx 0 ny aemin aemax])
```

```
% Instantanés de Hx (affiche_hx)
% ------------------------------
s=surf(hxo(:,:,tobs));
s.EdgeColor = 'none';
xlabel(['x : ',num2str(nx*dx),' m'],'Color','red','FontSize',12)
ylabel(['y : ',num2str(ny*dy),' m'],'Color','red','FontSize',12)
zlabel('H_x','Color','red','FontSize',12)
title(['n = ',num2str(tobs),' (t = ',num2str(tobs*dt*1e9),' ns)'])
axis ([0 nx 0 ny hxmin hxmax])


% Instantanés de Hy (affiche_hy)
% ------------------------------
s=surf(hyo(:,:,tobs));
s.EdgeColor = 'none';
xlabel(['x : ',num2str(nx*dx),' m'],'Color','red','FontSize',12)
ylabel(['y : ',num2str(ny*dy),' m'],'Color','red','FontSize',12)
zlabel('H_y','Color','red','FontSize',12)
title(['n = ',num2str(tobs),' (t = ',num2str(tobs*dt*1e9),' ns)'])
axis ([0 nx 0 ny hymin hymax])
```

Tout comme pour ce qui a été fait en 1D, en 2D l'animation de la progression d'une onde sur le plan peut être effectuée. Les lignes de codes correspondantes sont :

```
% Animation de la propagation
% ---------------------------
aemax = max(ezo(:));
aemin = min(ezo(:));
% Boucle pricipale
% ****************
for tobs = 1 : 1 : t_max
    % Affichage du champ E
    affiche_ez
    pause(0.01)
end
```

Annexe 2 :
Transformée de Fourier

A.2.1. Expression de la transformée de Fourier
a. Définition

Soit un signal $s(t)$ dépendant de la variable t et satisfaisant les conditions de Dirichlet [19]:

- $\int_{-\infty}^{+\infty} s(t)dt < \infty$, soit s absolument intégrable
- s est continue par morceaux

alors s admet une transformée de Fourier définie par l'Eq.A.2.1, et que la transformation inverse existe et est définie par l'Eq.A.2.2.

$$TF\{s(t)\} = S(f) = \int_{-\infty}^{+\infty} s(t)e^{-j2\pi ft}dt \qquad (A.2.1)$$

$$TF^{-1}\{S(f)\} = s(t) = \frac{1}{2\pi}\int_{-\infty}^{+\infty} S(f)e^{j2\pi ft}df \qquad (A.2.2)$$

b. Autres formulations

La transformée de Fourier d'un signal temporel peut s'exprimer en fonction de la fréquence angulaire $\omega = \frac{2\pi}{T} = 2\pi f$ (Eq.A.2.3), conduisant à la transformation inverse de l'Eq.A.2.4 [19].

$$TF\{s(t)\} = S(\omega) = \int_{-\infty}^{+\infty} s(t)e^{-j\omega t}dt \qquad (A.2.3)$$

$$TF^{-1}\{S(\omega)\} = s(t) = \frac{1}{2\pi}\int_{-\infty}^{+\infty} S(\omega)e^{j\omega t}d\omega \qquad (A.2.4)$$

Pour les signaux spatiaux, la transformée de Fourier est définie en fonction de la variable $k = \frac{2\pi}{\omega}$ qui représente le module du vecteur d'onde. Si le signal est tridimensionnel, la transformée de Fourier s'écrit en fonction du vecteur d'onde lui-même. La transformée de Fourier des signaux spatiaux ainsi que la transformée de Fourier inverse sont définies aux Eq.A.2.5 et Eq.A.2.6.

$$TF\{s(r)\} = S(k) = \int_{-\infty}^{+\infty} s(r)e^{-jkr}dr \qquad (A.2.5)$$

$$TF^{-1}\{S(k)\} = s(r) = \frac{1}{2\pi}\int_{-\infty}^{+\infty} Ske^{jkr}dk \qquad (A.2.6)$$

A.2.2. Propriétés de la transformée de Fourier

a. Linéarité

En vertu de la linéarité de l'intégration, la transformation de Fourier est aussi un opération linéaire (Eq.A.2.7) [19].

$$TF\{a.s(t) + b.g(t)\} = a.S(f) + b.G(f) \qquad (A.2.7)$$

b. Translation du temps

L'influence d'une translation τ du temps t sur la TF d'un signal temporel est étudiée dans ce paragraphe [19]. Soit SF la TF de $s(t)$ conduisant à l'Eq.A.2.8.

$$TF\{s(t - \tau)\} = S(f) = \int_{-\infty}^{+\infty} s(t - \tau)e^{-j2\pi ft}dt \qquad (A.2.8)$$

En effectuant le changement de variable de l'Eq.A.2.9, l'Eq.A.2.10 est obtenue.

$$T = t - \tau \Rightarrow t = T + \tau \; et \; dt = dT \qquad (A.2.9)$$

$$TF\{s(t - \tau)\} = \int_{-\infty}^{+\infty} s(T)e^{-j2\pi f(T+\tau)}dT \qquad (A.2.10)$$

L'équation A.2.11 peut être ainsi obtenue, conduisant à l'Eq.A.2.12.

$$TF\{s(t - \tau)\} = e^{-j2\pi f\tau} \int_{-\infty}^{+\infty} s(T)e^{-j2\pi f(T)}dT \qquad (A.2.11)$$

$$TF\{s(t - \tau)\} = e^{-j2\pi f\tau}S(f) \qquad (A.2.12)$$

Il en résulte la propriété suivante : « Toute translation du temps ne produit qu'un déphasage de la transformée de Fourier. ».

De la même manière, la TF de la translation d'un signal fréquentiel est donnée à l'Eq.A.2.13.

$$TF\{e^{-j2\pi f_0 t}s(t)\} = S(f - f_0) \qquad (A.2.13)$$

A.2.3. Transformées de Fourier usuelles

Le tableau IV donne les transformées de Fourier de quelques fonctions usuelles.

Tableau IV : Transformées de Fourier usuelles [19]

$f(t)$	$F(\omega)$
$f(t)$	$\int_{-\infty}^{+\infty} f(t)e^{-j\omega t}dt$
$f(t)e^{j\omega_0 t}$	$F(\omega - \omega_0)$
$f(\alpha t)$	$\dfrac{1}{\lvert\alpha\rvert}F\left(\dfrac{\omega}{\alpha}\right)$
$\dfrac{d^n f(t)}{dt^n}$	$(j\omega)^n F(\omega)$
$\int_{-\infty}^{t} f(\tau)d\tau$	$\dfrac{F(\omega)}{j\omega} + \pi F(0)\delta(\omega)$
$\delta(t)$	1
$e^{j\omega_0 t}$	$2\pi\delta(\omega - \omega_0)$

REFERENCES

[1] A. Taflove, S. C. Hagness ; « Computational Electrodynamics : The Finite-Difference Time-Domain Method » ; Third Edition ; Artech House ; 2005

[2] K. S.Yee ; « Numerical solution of initial boundary value problems involving Maxwell's equations in isotropic media », IEEE Transaction Antennas and Propagation, vol.14, 1966

[3] K. S. Kunz, R. J. Luebbers ; « The Finite Difference time Domain Method for Electromagnetics » ; CRC Press ; 2000

[4] J. B. Schneider, « Understanding the Finite-Difference Time-Domain Method », www.eecs.wsu.edu/~schneidj/ufdtd, 2010

[5] D. Serre ; « Matrices : Theory and Applications » ; Springer ; 2001

[6] D. M. Sullivan ; "Electromagnetic Simulation using the FDTD method" ; Second Edition ; IEEE Press ; 2013

[7] W. Yu, X. Yang, Y. Liu, R. Mittra ; "Electromagnetic Simulation Techniques Based on the FDTD Method" ; John Wiley & Sons ; 2009

[8] R. M. Randriamaroson, «Implementation of Yee's FDTD Algorithm for the Study of the Propagation of Electromagnetic Waves in Vacuum», IJARIIE, vol. 5, Issue-3, 2019, pp. 735-747

[9] C. A. Balanis ; "Advanced Engineering Electromagnetics" ; Second Edition ; John Wiley & Sons ; 2012

[10] M. N. O. Sadiku ; « Numerical Techniques in Electromagnetics » ; CRC Press ; 2009

[11] U. S. Inan, R. A. Marshall, « Numerical Electromagnetics, The FDTD Method », Cambridge University Press, 2011

[12] M. N. O. Sadiku ; « Computational Electromagnetics with Matlab » ; 4th Edition ; CRC Press ; 2019

[13] J. P. Bérenger ; « Perfectly Matched Layer (PML) for Computational Electromagnetics » ; Morgan & Claypool ; 2007

[14] R. M. Randriamaroson, « Terminating FDTD Grid with Electrical and Magnetically loss layers», IJARIIE, vol. 6, Issue-5, 2020, pp. 1869-1875

[15] R.M. Randriamaroson, « TFSF boundary implementation in the FDTD Algorithm for the Study of the Propagation of Electromagnetic Waves in Vacuum», *IJARIIE*, vol. 5, Issue-5, 2019, pp. 452-461

[16] R.M. Randriamaroson, « 2D DB-FDTD formulation using flux density for study of plane wave propagation in TM mode », *IJARIIE*, vol. 6, Issue-5, 2020, pp. 2209-2216.

[17] A. Taflove ; « Advances in FDTD Computational Electrodynamics » ; Artech House ; 2013

[18] R.M. Randriamaroson, « 1D DB-FDTD formulation using flux density for study of electromagnetic wave propagation », *IJARIIE*, vol. 6, Issue-5, 2020, pp. 2202-2208.

[19] E.Tisserand, JF.Pautex et P.Schweitzer, « Analyse et Traitement des Signaux », Dunod, 2008

[20] R.M. Randriamaroson, « 2D DB-FDTD formulation using flux density for study of plane wave propagation in TM mode », *IJARIIE*, vol. 6, Issue-5, 2020, pp. 2209-2216.